室 内 设 计 新 视 点 · 新 思 维 · 新 方 法 丛 书

丛书主编 朱淳　　丛书执行主编 闻晓菁

HOTEL AND RESTAURANT INERIOR DESIGN

酒店及餐饮空间室内设计

朱淳　王美玲　编著

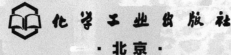

化学工业出版社

· 北京 ·

《室内设计新视点·新思维·新方法丛书》编委会名单

丛书主编：朱　淳

丛书执行主编：闻晓菁

丛书编委（排名不分前后）：王　玥　张天臻　王　纯　王一先　王美玲　周昕涛　陈　悦　冯源　彭　彧　张　毅　徐宇红　朱　瑛　张　琪　张　力　邓岱琪　李佳佳　杨一隽　刘秉琨　陈　敏　陈　燕　陈　峻　严丽娜

内容提要

本书以文字与图片结合的方式，对酒店及餐饮空间设计的基本概念、设计方法与程序等方面进行了系统的阐述。本书选用了最新的国内外优秀作品，并配有大量精美图片和详细说明，以期通过对经典设计的学习与借鉴，丰富读者在酒店与餐饮空间设计方面的形象思维，并提高设计的实践能力。此外，本书在优秀案例赏析部分采撷国内外酒店与餐饮空间的设计佳作，全方位地展现了当代酒店与餐饮空间设计的前沿成果。本书在编写过程中注意把感性认识过程与理性思维的方法结合起来，努力体现本书的实践性、实用性和实效性。

本书可作为高等院校室内设计、环境设计等专业的教学用书，对从事室内设计的专业人员有较大的参考价值，也可供酒店、餐饮的从业者参考、收藏。

图书在版编目(CIP)数据

酒店及餐饮空间室内设计 / 朱淳，王美玲编著. --北京：化学工业出版社，2014.6（2022.10重印）
（室内设计新视点·新思维·新方法丛书 / 朱淳丛书主编）
ISBN 978-7-122-20464-6

Ⅰ.①酒… Ⅱ.①朱…②王… Ⅲ.①饭店－室内装饰设计②餐馆－室内装饰设计 Ⅳ.①TU247

中国版本图书馆CIP数据核字(2014)第078769号

责任编辑：徐　娟　　　　　　　　　　　　装帧设计：闻晓菁
　　　　　　　　　　　　　　　　　　　　封面设计：邓岱琪

出版发行：化学工业出版社（北京市东城区青年湖南街13号　邮政编码100011）
印　　装：北京建宏印刷有限公司
889mm×1194mm　1/16　印张10　字数200千字　2022年10月北京第1版第7次印刷

购书咨询：010-64518888　　　　　　　　售后服务：010-64518899
网址：http://www.cip.com.cn
凡购买本书，如有缺损质量问题，本社销售中心负责调换。

定　　价：58.00元　　　　　　　　　　　　版权所有　违者必究

丛书序

人类对生存环境作主动的改变，是文明进化过程的重要内容。

在创造着各种文明的同时，人类也在以智慧、灵感和坚韧，塑造着赖以栖身的建筑内部空间。这种建筑内部环境的营造内容，已经超出纯粹的建筑和装修的范畴。在这种室内环境的创造过程中，社会、文化、经济、宗教、艺术和技术等无不留下深刻的烙印。因此，室内环境创造的历史，其实上包含着建筑、艺术、装饰、材料和各种营造技术的发展历史，甚至包括社会、文化和经济的历史，几乎涉及到了构筑建筑内部环境的所有要素。

工业革命以后，特别是近百年来，由技术进步带来设计观念的变化，尤其是功能与审美之间关系的变化，是近代艺术与设计历史上最为重要的变革因素，由此引发了多次与艺术和设计有关的改革运动，也促进了人类对自身创造力的重新审视。从19世纪末的"艺术与手工艺运动"（Arts & Crafts Movement）所倡导的设计改革，直至今日对设计观念的讨论，包括当今信息时代在室内设计领域中的各种变化，几乎都与观念的变化有关。这个领域内的各种变化：从空间、功能、材料、设备、营造技术到当今各种信息化的设计手段，都是建立在观念改变的基础之上。

回顾一下并不遥远的历史，不难发现：以"艺术与手工艺"运动为开端，建筑师开始加入艺术家的行列，并象对待一幢建筑的外部一样去处理建筑的内部空间；"唯美主义运动"（Aesthetic movement）和"新艺术"运动（Art Nouveau）的建筑师和设计师们以更积极的态度去关注、迎合客户的需要。差不多同一时期（1904年），出生纽约上层社会艾尔西•德•华芙女士（Elsie De Wolfe），将室内装潢(interior decoration)演变成一种职业；同年，美国著名的帕森斯设计学院(Parsons School of Design)的前身，纽约应用美术学校(The New York School of Applied and Fine Arts)，则率先开设了"室内装潢"(Interior Decoration)的专业课程，也是这一领域正式迈入艺术殿堂之始。在欧洲，现代主义的先锋设计师与包豪斯的师生们也同样关注这个领域，并以一种极端的方式将其纳入现代设计的范畴之内。

在不同的设计领域的专业化都有了长足进步的前提下，室内设计教育的现代化和专门化则是出现在20世纪的后半叶。"室内设计"(Interior Design)的这一中性的称谓逐渐替代了"室内装潢"(Interior Decoration)的称呼，其名称的改变也预示着这个领域中原本占据主导的艺术或装饰的要素逐渐被技术和功能和其他要素取代了。

时至今日，现代室内设计专业已经不再仅仅用"艺术"或"技术"即能简单地概括了。包括对人的行为、心理的研究；时尚和审美观念的了解；建筑空间类型的改变；对功能与形式新的认识；技术与材料的更新，以及信息化时代不可避免的设计方法与表达手段的更新等一系列的变化，无不在观念上彻底影响了室内设计的教学内容和方式。

由于历史的原因，中国这样一个大国，曾经在相当长的时期内并没有真正意义上的室内设计与教育。改革开放后的经济高速发展，已经对中国的设计教育的进步形成了一种"倒逼"的势态，建筑大国的地位构成了对室内设计人材的巨大的市场需求。2011年3月教育部颁布的《学位授予和人才培养学科目录》首次将设计学由原来的二级学科目录列为一级学科目录正是反映了这种日益增长的需求。关键是我们的设计教育是否能为这样一个庞大的市场提供合格的人才；室内设计教学能否跟上日新月异的变化？

本丛书的编纂正是基于这样一个前提之下。与以往类似的设计专业教材最大的区别在于：以往图书的着眼点大多基于以"环境艺术设计"这样一个大的范围，选择一些通用性强，普遍适用不同层次的课程，而忽略各不同专业方向的课程特点，因而造成图书雷同，缺乏针对性。本丛书特别注重环境设计学科下室内设计专业方向在专业教学上的特点；同时更兼顾到同一专业方向下，各课程之间知识的系统性和教学的合理衔接，因而形成有针对性的教材体系。

在丛书内容的选择上，以中国各大艺术与设计院校室内设计专业的课程设置为主要依据，并参照国外著名设计院校相关专业的教学及课程设置方案后确定。同时，在内容的设置上也充分考虑到专业领域内的最新发展，并兼顾社会的需求。完整的教材系列涵盖了室内设计专业教学的大部份课程，并形成了相对完整的知识体系和循序渐进的教学梯度，能够适应大多数高校相关专业的教学。

本丛书在编纂上以课程教学过程为主导，以文字论述该课程的完整内容，同时突出课程的知识重点及专业的系统性，并在编排上辅以大量的示范图例、实际案例、参考图表及最新优秀作品鉴赏等内容。本丛书满足了各高等院校环境设计学科及室内设计专业教学的需求；同时也期望对众多的设计从业人员、初学者及设计爱好者有启发和参考作用。

本丛书的组织和编写得到了化学工业出版社领导和责任编辑的倾力相助。希望我们的共同努力能够为中国设计铺就坚实的基础，并达到更高的专业水准。

任重而道远，谨此纪为自勉。

朱 淳

2014年2月

目录
contents

第1章 概论：以服务为主导的空间设计

1.1 酒店与餐饮服务概述

酒店与餐饮空间都是为公众提供服务的商业空间。

酒店（Hotel）是为公众提供住宿、餐饮以及其他服务的建筑或场所。酒店为客人提供的服务不仅有建筑空间、结构、设备设施、空间装饰、艺术陈设等，还包括周到的服务和贴心的关怀。图 1-1 所示的是凯宾斯基亚得里亚海酒店。

餐饮行业是在一定的场所中对食物进行现场烹饪、调制并出售给顾客的一种现场消费的服务活动，餐饮空间则为这种服务提供了活动场所。餐饮服务分为正餐服务、快餐服务、饮料及冷饮服务、其他餐饮服务等，这些服务过程均发生在特定的场所中，所以形成了不同类型的餐饮空间，比如餐厅、咖啡厅、酒吧等。

与其他商业类型相比，酒店与餐厅除了出售食品等商品外，更多的销售内容是向公众提供各种消费服务。而酒店与餐饮空间的设计的目的也是为保证这种服务的过程顺利进行。而这种日益多种化、专业化与个性化的服务，

图 1-1 凯宾斯基亚得里亚海酒店

该酒店拥有 3000 ㎡ Carolea 温泉、一个室内泳池和 2 个室外泳池。186 间布置典雅的客房，均有可俯瞰公园或大海壮丽景色的阳台。所有房间都配置了豪华的纯平电视和音响设备。浴室均配有独立淋浴功能的大浴缸和镜面式电视

也使酒店与餐饮空间的设计变得日趋复杂、专业化，并且更加具有个性化的特征。

随着酒店提供的服务由原先简单的食宿，转向多样化、复杂化、个性化和综合化，酒店空间的设计也呈现出与其相适应的演化过程，而这种变化的过程也正随着全球化及经济的高速发展而日益呈现出来。酒店以及相关的餐饮空间设计的风格化趋势正在很大程度上左右着全世界范围内的设计。

图1-2、图1-3、图1-4　圣展酒店

该酒店仅有105间客房，却设计出标准单人房、标准双人房、豪华单人房、一房一厅的套房、两房一厅的套房共5种房型；客房按7种风格（简约风、香江情怀、浪漫梦幻、巴厘休闲、世界名画、国际风格、奢华经典）及三组时尚房（时尚玫瑰、时尚黑白、时尚圆）设计；而且各种风格又通过不同色彩搭配细分，形成几乎没有一模一样的客房。这样可以满足不同客人的需要。大堂中设置了投影展示及电脑浏览，方便客人挑选心仪的房间，配合服务人员的介绍，客人可以无拘无束随心所欲地选择

1.2 发展历程与沿革

1.2.1 国外酒店的发展

国外酒店的发展早在古代希腊和罗马时期就开始了。

随着商业的发展、旅行和贸易的兴起，外出的商人、传教士、外交官、信使等人数激增，为了满足这些人的吃、喝、睡等生存基本问题，路边的驿站便充当了最初的"客栈"。

工业革命是西方经济发展的重要转折。随着工业化进程加快，火车、轮船等交通工具逐渐便利；人们生活水平提高，更促使客栈规模不断增加、功能也不停的完善。直到 1829 年，特里蒙特饭店在波士顿建成，标志着第一座现代化酒店诞生了。

第二次世界大战以后，经济复苏、交通便利、外交活动频繁，使得外出旅游和从事商务的人数大幅增加，酒店的需求量也逐渐增加，这为酒店行业的快速发展创造了契机。人们对酒店的需求从单纯的食宿扩展到了休闲娱乐、度假养生等多方面，这不仅使得酒店的规模不断扩大，也使类型、级别也多种多样。酒店的选址从城市中心扩大到旅游胜地、交通干道边、机场等，服务也越来越周到，经营方向逐渐转向以全面满足客人的需求为中心。

从驿站、客栈、旅馆到酒店、度假村，从名称的变化上我们可以看到酒店业是如何从当初的古老、简陋、单纯向现在的多样化、产业化、规模化发展的。

图 1-5、图 1-6 沙丘红木酒店

这是国外一家豪华的发展成熟的酒店。酒店设有红木温泉，以及装备精良、设计精美的会议室和特殊活动空间。酒店特有的马德拉餐厅以及与其毗邻的休息厅都蔓延到室外空间，客人可以欣赏到当地原始的壮丽景观

关注：

据《旧唐书·太宗本纪》记载：唐太宗即位后，恢复了地方官朝觐制度，为方便官员住宿，下令建造"邸第三百余所"。当时，水陆驿道纵横交错，每隔30里就有一所"驿站"。全国共有驿站1639所，以首都长安为中心，驿道四通八达。后来，在少数民族地区修建了"参天可汗道"，沿途增设了68所驿站，以供来往使者食宿，甚至出现了银质的驿站专用凭证。当时还按宾客的国籍和民族分设国家宾馆，有鸿胪寺下的典客属负责管理、接待和迎送。

图1-7　上海璞丽酒店

1.2.2　国内酒店的发展

我国的酒店行业从封建时期就开始形成了。最早的酒店可以追溯到商代，当时被称为"逆旅"，是旅行者食宿的场所。

到了春秋战国时期，商业逐渐兴盛，交通也更加发达。"四夷馆"等官办住宿设施得到大力发展。与此同时，民间的"客栈"、"馆舍"逐渐兴起。在西汉时期，各地酒店星罗棋布，不仅有供各地商客居住的"郡邸"，还有供外宾居住的"蛮夷邸"。唐、宋、元、明、清等朝代是酒店业得到较大发展的时期。唐代建造了大量的"驿站"，供来往官员使用。到了宋代，酒店的服务范围逐渐囊括了经商贸易，甚至还出现了专门存货的"货栈"，这时酒店的称谓繁多，比如"都亭驿"、"礼宾院"、"来宾馆"等。元朝时期，酒店已经成为最兴旺的行业之一，甚至出现了皇家开办的酒店。明清时期，酒店被称为"会同馆"，且贸易在馆内开始盛行。鸦片战争之后，随着西方列强的入侵、通商口岸的开放，来到中国的外国商人、传教士、冒险家、政治家人数剧增，西方的酒店、旅馆经营方式等也一并进入中国，大量的西式酒店在中国开始出现。民国时期，许多酒店在建筑样式、服务方式、经营项目等方面受到西方酒店的影响，出现了"半中半西"的状况。1900年建成的北京饭店和六国饭店均属这一类。

新中国成立后，尤其是改革开放之后，中国酒店行业进入了一个崭新的发展阶段。改革开放以来，经济快速发展，人们的物质文化生活水平不断提高，我国的酒店业表现出惊人发展速度，已由过去的招待所形式向现在的现代化星级酒店转变，并逐步向品牌化、国际化迈进，整个酒店业前景灿烂、潜力巨大。

1.3 酒店与餐饮对空间的要求

在酒店与餐饮空间的设计中，对建筑的整体规划、功能布局、装饰陈设、风格特色、材料运用、色彩照明、家具设计等方面都有要求。其中功能性是设计的第一需要。在充分了解空间的实际状况下进行合理的规划布局，使空间具有充分的"适用性"，使各种使用功能可以更加方便地展开是设计的首要任务。

空间的设计风格、比例尺度，应随环境空间、消费人群、使用者数量多少等的不同而有所变化。比如说，不同的空间场所对空间的要求是不一样的，所以不同的环境空间就要使用不一样的设计手法。（例如：餐饮空间分为酒吧、咖啡厅、饭店、快餐厅、烧烤等，这些场所都有着自己独特的功能，所以在空间设计上也需要采用不同的方法）不同类型的人群对空间的要求也是

图 1-8 酒店室外景观

图 1-9 度假酒店与优美的自然景观完美衔接

不同的。（例如：商务型酒店所对应的消费人群大多是商务人士，旅游度假型酒店则基本是为休闲度假的旅客准备的，针对的消费人群不同，空间设计上的要求也会有所区别）此外，还要解决好各空间之间的过渡、对比、衔接、统一等问题。

不同的空间功能应具有不同的空间形态。比如停留空间、行动空间、餐饮空间、休息空间都应具有不同的空间形态。不同的空间形态能营造不同的空间氛围，给人不同的心理感受：正几何形空间严谨规整，会产生庄重的气氛；不规则的空间活泼自然；窄而高的空间有挺拔向上的感觉，崇高宏伟；细长的空间有引导的感觉；弧形的空间较为柔和舒展。所以在设计中要把握住不同的空间形状以塑造出合适、完美的空间感觉。

1.4　服务形象与品牌塑造

酒店设计不同于单纯的商业建筑设计和规划，它通常是包括酒店整体规划、单体建筑设计、室内装饰设计、酒店形象识别、酒店设备和用品顾问、酒店发展趋势研究等工作内容在内的专业体系。酒店设计的目的是为投资者和经营者实现持久利润服务，要实现经营利润，就需要通过满足客人的需求来实现。由于认识的局限，设计师常常将酒店看作是一个类型，而忽略消费者的差异和不同的酒店管理体系。对酒店品牌的认识可以帮助其深入和全面的理解酒店设计的本质特征和内在规律。同样，业主、投资人通过熟识酒店品牌来给自己的酒店定位，并选择合适的管理公司经营自己的酒店。

品牌可以增加一个集团的价值。不同的酒店及餐饮集团拥有不同的品牌文化，这种品牌文化可以提升其文化内涵，吸引对品牌文化有认同感的消费者成为品牌的忠实拥护者。塑造良好的酒店与餐饮品牌可以增强影响力、增加盈利、服务形象也随着提高，所以在酒店与餐饮品牌的塑造上应当加以重视。好的设计可以帮助品牌特征延续，保持品牌的可识别性，提升服务质量。

美国营销学家菲利普科特勒认为品牌是一个名字、称谓、符号或设计，或是上述的总和，其目的是要使自己的产品或服务有别于其他竞争者。由于酒店产品与服务"不可触摸性"的特点，酒店品牌在市场营销中的作用越来越明显。经常旅行的人都会选择自己了解的和适合自己的酒店进行消费，这也是世界上品牌酒店所占比例越来越高的原因所在。

图1-10、图1-11、图1-12　范思哲酒店
　　像充满着妖冶与神秘感的美杜莎头像一样，范思哲从来不是一个低调的品牌，它主张一种复古和高调的奢华，在范思哲酒店里，似乎除了客人以外的一切都被打上了Logo。这座的酒店不仅参照了创始人、设计师 Gianni Versace 生前对于度假别墅的设计概念，还融合了不少他个人的生活态度。他生前的许多收藏也都在这座美轮美奂的宫殿里得以展示

图 1-13、图 1-14、图 1-15　Missoni 酒店

　　2009 年，以鲜明图案和亮丽色彩知名的意大利品牌 Missoni 携手 Rezidor SAS 酒店集团，在爱丁堡开设了首家米索尼酒店 (Hotel Missoni)，之后又分别在科威特、苏格兰和迪拜开设了几家酒店。与奢侈品牌酒店惯常的奢华做派不同，体现的是一种温馨热情的家庭氛围。自从把服装设计全权交给女儿后，品牌创始人、自称"年轻设计师"的 77 岁老奶奶 Rosita Missoni，便一心一意地扑在家居和酒店的设计上。出自她手的爱丁堡 Missoni 酒店简直像一个被打翻的调色盘，满眼跃动着招牌的色彩。大堂、走廊以及电梯等公共空间将多种明亮的色彩大胆地运用到极致，紫罗兰、橄榄绿、明黄、藏青……房间内的装饰风格摩登艳丽，却不失简约亲切

关注：

　　从某种角度来说，众多大牌设计师笔下的酒店都是自身品牌理念或者设计风格的继承和延续。在一家设计精美的时尚品牌酒店里，从地板到天花板，无一不渗透着如假包换的品牌精神和内在理念。无论是房间内的地毯、餐具、化妆品，或是小小的亚麻纤维信纸，在满足宾客使用的同时，也可以让任何人在酒店特设的精品店中找到，并有机会把他们买回家。设计大师们也往往通过这个渠道，更好地向大众传播自身品牌的生活方式。

图1-16、图1-17　威尼斯人度假赌场酒店

这间五星级度假酒店位于拉斯维加斯地带，拥有独特的意大利主题设计。这间全套房酒店设有19家国际餐厅，一个顶尖的赌场、5英亩（约20234.3 ㎡）大的泳池露台以及一家意大利风格购物中心。酒店每一间宽敞的套房都设有宽敞的起居室，带餐桌、两台32寸平板电视和高速互联网连接。宽敞的浴室设有大理石柜台以及豪华的卫浴用品

目前国际上有许多大型知名的酒店品牌管理公司，他们旗下有不同档次的酒店系列品牌，通常情况下我们只需要知道酒店的品牌便可以知道酒店的档次。比如假日酒店集团拥有多个档次的不同品牌：提供简单客房和有限餐饮及健身设施的假日快线；提供标准客房、较少餐饮、小型会议、娱乐与健身的假日花园；提供全面服务及各种设施的假日酒店；提供休闲娱乐设施的假日阳光狂欢度假村；皇冠酒店和皇冠假日酒店则是假日酒店中的高档酒店。

有一种类型的酒店，设计并不是由室内设计师或建筑师完成的，而是由服装设计师或其他设计师完成的。它本身也并不是酒店品牌，而是由化妆品、服装品牌等延伸来的，它是品牌理念和设计风格的继承和延续，在这类酒店中，无处不渗透着品牌精神和内在理念。在酒店房间内使用的餐具、地毯等都印有品牌LOGO，具有品牌的精神，客人们如果喜欢这些物品，可以在酒店特设的精品店中找到，并有机会把它们买回家。设计师通过这个渠道更好地向大众传播了自身的品牌。这类品牌酒店往往具有自己的风格，比如阿玛尼（ARMANI）色调上以黑白灰为主，以极简主义体现另类奢华。

1.5　消费市场与经营定位

消费市场是由一切具有特定欲望和需求，并愿意和能够以交换来满足这些欲望和需求的潜在客户组成的。消费者的消费需求、消费观念和消费方式的变化会给消费市场的结构、内容、形式产生重大影响。对于酒店和餐饮行业来讲，顾客的需求是行业发展的风向标。为了适应新的消费市场，酒店与餐饮行业必须不断完善设施和服务，向着人性化、生态化、信息化、品牌化、社会化和特色化的方向发展。

由于消费者在消费过程中通常会选择更加人性化的产品和服务。这种消费需求使得酒店与餐饮业在为顾客提供的设施和服务上更加人性化，连同设计也朝着更加人性化的方向发展。比如，随着女性商务客人的增加，有些酒店开始提供儿童照管的服务、美容SPA等适合女性顾客需要的设施；随着老龄化社会的到来，一些酒店的设施和服务也开始考虑老年人的需求；还有一些酒店专门为残疾人准备了客房和一些无障碍设施等。

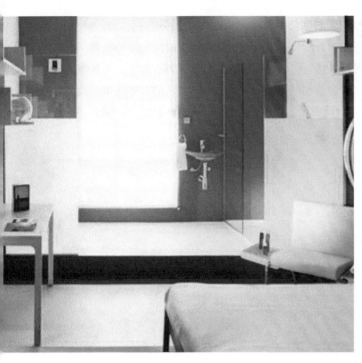
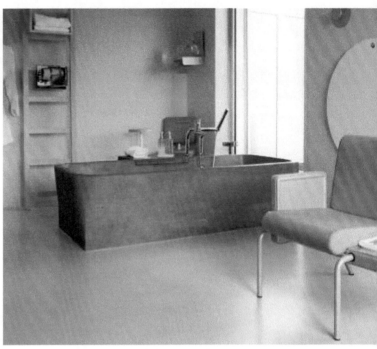

图 1-18、图 1-19　HI 酒店（2003）

HI 酒店为一个全新顶级酒店的概念，为传统豪华标准开启另一个大门。HI 酒店由法国著名工业设计师 Matali Crasset 所设计创造。HI 酒店提供 38 间以 9 个不同概念所设计的房间。每个概念是根据某一个地区特定团体的生活方式和经验所衍生而来。酒店户外露台备有游泳池，可欣赏地中海和阿尔卑斯山的壮观景观

随着消费者生态和环境意识的强化，生态消费的需求也与日俱增。为了适应这种消费生态化的需求，强调合理利用资源、保护生态环境的绿色酒店，生态度假村等新型酒店逐步发展起来。

在知识经济时代，随着信息产业渗透到消费领域，出现了大量的智能化消费品。酒店与餐饮业也受到影响，在管理与服务方面逐步实现智能化。比如，酒店全面使用计算机，从客人入住登记、结账到后台的财务管理、人事管理、采购管理等全部使用网络化的管理；使用了高科技的门卡代替钥匙；安装了无线网络等。

文化消费指"对精神文化类产品及精神文化性劳务的占有、欣赏、享受和使用等"。主题酒店、主题餐厅便迎合了这种文化消费。随着"主题"概念的开发，出现了许多通过夸张的设计风格来体现其主题的酒店和餐厅。比如，拉斯维加斯的威尼斯人赌场大酒店，以文艺复兴时期的建筑和运河为主题，形成美国版的意大利风情。

品牌随着商品经济的产生而产生，随着商品经济的发展而发展。酒店与餐厅品牌的创造不仅具有重要的商业价值，还对其后续的发展产生重大的意义。

消费社会化指"消费领域中消费服务由消费者自己承担的比重不断减少或下降，由社会提供的服务比重不断增加的动态过程"。消费的社会化使得酒店与餐厅的功能性得到拓展和提升。比如，酒店高尔夫球场、与滑雪场等运动场地结合，与娱乐、商业功能结合，与商务、会议、休闲、娱乐等多种功能相结合，既可以有利于酒店自身的发展，还可以带动周边地区的发展。

为了满足消费者求新、求变、与众不同的消费心理需求。酒店与餐饮空间的设计向着特色化的方向发展。比如，针对追求时尚的年轻旅客，以艺术为特色、个性鲜明、风格时尚、品位高雅的时尚型酒店诞生。还有些酒店与餐饮空间设计是以特色景和经历为景的。比如，欧洲的古堡旅馆、吸血鬼餐厅等。后文述及的"设计酒店"也正是这样的一种追求个性、时尚的一种趋势。

图 1-20　西式宴会厅
　　为营造餐饮空间优雅的氛围，在中间放上了钢琴。客人在用餐的同时可以欣赏美妙的音乐

思考延伸：

1. 人们选择酒店与餐饮空间的影响因素有几个？

2. 消费观念对于室内设计的影响主要表现在哪些方面？

3. 为什么说品牌塑造对于酒店和餐饮空间有重要作用？

第2章 酒店与餐饮空间基本类型

2.1 酒店与餐饮空间的基本特征

酒店与餐饮空间最典型的特征就是为消费者提供不同类型的服务。酒店可以提供的服务有住宿、餐饮、休闲、娱乐、会议等，而餐厅则可以作为餐饮、交流、娱乐的空间，为顾客提供饮食、饮酒、品茶、咖啡等服务。

酒店和餐厅不论是在服务上还是在设计上都一直秉承着"消费者至上"的原则。在设计上通过营造不同的空间形式来迎合消费者的喜好，并以不同的功能设施来为这个空间服务。比如，客房是直接为旅客提供休息睡眠等服务的，但有众多的设施和空间围绕着客房，为这个空间服务。酒店与餐厅在空间的设计上不仅仅是只围绕着功能来做设计，为了迎合消费者的喜好并实现消费的价值最大化，在设计上可以利用各种超出正常需求的手段与方式来营造具有艺术氛围的空间。

图 2-1　酒店房间
　　纱帘及床上的花瓣和天鹅渲染了房间的浪漫气氛。床头的台灯造型也具有显著的中式特点。"家和万事兴"的书法突出了房间的主题是以家庭为主，虽然是酒店但能给客人宾至如归的感觉

图 2-2、图 2-3　如家快捷酒店
　　为连锁经济酒店，客房配备基本的家具，书桌、床、卫生间、电视、电脑等。价位较低，适合经济条件一般的旅行者选用。房间内部色彩以红色或绿色系为主

酒店与餐厅的经营者通常利用室内设计的特色来塑造自身的个性、营造品牌形象和空间格调，以形成具有自身特点的体系、规范和标准。比如，酒店的星级评定标准、安全规范、服务规范等。

2.2　酒店与餐饮空间的分类

2.2.1　酒店的分类

由于各地区历史文化、传统习俗、地理位置、气候条件的差异，以及酒店的用途、功用能、设施的不同，酒店的分类方式繁多。或比如，按酒店的使用目的、或按地理位置建造地点、或按酒店规模大小、或按经营方式接待标准等来方面来划分。但是现代酒店功能是向着功能多样化、综合化的方向发展，所以各类酒店之间并不是绝对的分隔而是有相互融合之处，所以无论哪种分法都不能做到完全划分。

本书从设计类型的角度对酒店旅馆进行分类，下面主要介绍一些市场份额较大的酒店的不同特征。

（1）经济型酒店

经济型酒店（Economic hotel），是指经济、简约、酒店规模较小、设施相对简单、注重功能性。这种酒店定位于普通消费大众，消费群体主要是工薪阶层、一般商务人士、普通自费旅游者、学生群体等，市场规模大，需求较稳定。选址一般位于市中心繁华地段，交通便利。经济型酒店本身类型也多种多样，比如旅游度假型、商务型等。由于其投资小回报快的特点，所以占据着市场的主流，扩张速度也远超其他类型的酒店。锦江之星、如家、7 天连锁等均属于经济型酒店。

（2）商务型酒店

商务型酒店主要以商务活动服务为主，服务对象一般是从事商务活动的客人。商务型酒店一般设在城区或商业中心。酒店内设施设备齐全，服务功能较为完善，客流量受季节变化影响较小。

图 2-4　北京王府井希尔顿酒店

图 2-5、图 2-6　上海首席公馆

（3）精品酒店

源于法语的"Boutique"一词，原指专卖时髦服饰的小店。精品酒店在内部装修上极具豪华，别具特色，装饰上强调"小而精致"，采用管家式服务。面向的客户群体是高收入、高品位的极少数人群。

（4）旅游度假酒店

一般位于景区、海滨、温泉等的附近，以旅游、观光、休闲、度假的客人居多，季节性较强。这类酒店的经营特点是不仅要有食宿的基本功能，对休闲娱乐功能的要求也很高，尽力使旅行者得到精神和物质上的享受。在酒店的设计上注重室内外景观的融合，营造"天人合一"的境界。目前国际上较为流行的主要有海滨度假酒店、森林度假酒店、温泉度假酒店等。

图 2-7　马尔代夫 W 水疗度假酒店

（5）公寓型酒店

公寓型酒店，意为"酒店的服务，公寓的管理"，集住宅、酒店、会所多功能于一体，客房、卧室、厨房、卫生间一应俱全，注重家庭特色。公寓型酒店主要的目标市场为：长期出国的生意人、长期在外的高级经营管理者以及正在度长假的家庭等。

（6）"设计酒店"

往往由著名设计师操刀主笔，而设计师并不是一般意义的酒店室内设计师，也许来自家具界、工业界、空间设计界、包装设计界，甚至有可能是在时尚领域呼风唤雨、引领潮流的人。酒店体现设计师强烈的个人风格，处处体现设计元素，摒弃了工业文明标准化的枯燥，展现出后现代的回归，个性、时尚、前卫、精致；具有浓厚的文化底蕴和氛围。

图 2-8　公寓型酒店就如同家一样在房间内设置厨房

图 2-9、图 2-10　Maison Moschino 莫斯奇诺酒店

图 2-11　客房墙面装饰相当具有趣味性

图 2-12　房间自然主题
　　在房间里有树木和猫头鹰，营造出自然的主题氛围

图 2-13　特色房间
　　整个床看起来就如同一件晚礼服

2.2.2 酒店的等级与规模

　　酒店的等级常以星级来评定，星级制是目前国际上较为流行的划分方法。最新的国家星级酒店划分标准是2003年12月1日颁布的中华人民共和国《旅游饭店星级的划分和评定》（GB/T 14308-2003）。酒店分级标准从一星级至五星级。有的为了表示酒店的超豪华，用六星、七星、八星来称呼，比如迪拜的帆船酒店（七星级）。

　　酒店星级的评定有一套全面、严格的评审标准。一、二星级酒店具备简单的食宿功能，设备简单，能满足客人最基本的旅行需要，适宜经济水平一般的旅行者。三星级酒店设备齐全，不仅提供客房和餐饮，还会有会议室、酒吧、咖啡厅等服务设施。这种中等水平的酒店服务质量较好，收费较高，适宜中产以上旅行者。四星级酒店设施豪华，服务项目多，服务质量好，室内环境优美，客人可以得到高级的物质和精神享受。这种酒店收费一般较高，适合上层旅行者和公费旅行者。五星级酒店设施更加豪华且完善，服务质量更高。这种酒店有各种各样的餐厅、宴会厅、会议厅，综合服务齐全，是社交、购物、休闲娱乐、健身的活动中心，收费标准很高。

图2-14、图2-15　阿拉伯塔酒店
　　又称迪拜帆船酒店，位于中东地区阿拉伯联合酋长国迪拜酋长国的迪拜市，为全世界最豪华的酒店。帆船（BurjAl-Arab）酒店，翻译成汉语又称"阿拉伯塔"，又叫做"阿拉伯之星"。金碧辉煌、奢华无比的阿拉伯塔酒店，曾是世界上第一家七星级酒店，现已升级为世界上唯一的八星级酒店

图 2-16　古典符号设计

　　时尚的现代语素与中国古典符号之间和谐统一，用古典符号的语法去表达现代时尚的空间意境，运用时尚语素与古典符号去建构新的空间组织序列和功能结构布局。传统建筑的功能布局与现代建筑空间结构进行有机整合，将中国古典符号与时尚元素进行分析与解构，形成一种和谐的空间构成关系

　　酒店的规模一般以客房数或床位数来划分。有 1000 间以上客房的为特大型酒店；500~1000 间的为大型酒店；20~500 间的为中型酒店；200 间以下的为小型酒店。

2.2.3　餐饮空间的分类

　　餐饮空间分类标准多种多样，可以按经营内容分类，也可以按经营方式分，或按服务方式分，按人们对餐饮空间的需求等来分，下面介绍几种常见的餐饮空间类型。

　　（1）中式餐厅

　　中华民族有着自己的民族特色和文化背景以及饮食习惯。在中式餐厅中经常会运用藻井、斗拱、中国书画、传统纹样、宫灯、红色等这些具有中国传统特色的符号，加上传统园林的空间划分与组织方式来塑造和装饰，以营造中国传统餐饮文化的氛围。

　　（2）西式餐厅

　　西餐分法式、俄式、美式、英式、意式等，除了烹饪方法不同外，服务方式也有不同。有些西餐需要在顾客面前烹饪，动作优雅娴熟，本身可以给顾客带来视觉上的享受。西式餐厅比较注重宁静、突出高雅的情调，大多装饰华丽且注重餐具、灯光、陈设的配合。

　　（3）自助式餐厅

　　自助式餐厅是将食物集中放到一块区域由宾客自行挑选、拿取或自烹自食的一种就餐形式。自助餐厅一般是在中间或一侧设置一个大餐台，分成自助服务台、熟食陈列区、半成品食物陈列区、甜点、水果和饮料区。一般酒店内提供早餐的餐厅也采用自助的形式，其他营业时间则可以采用其他不同

图 2-17　北京左右间咖啡改建设计

　　在设计中"有保留的消失"，在设计中充分表现新建筑空间特性及结构关系，使建筑与周围环境巧妙地融为一体。卫生间地面和屋顶均为透明材质，从透明屋面透过的天光及水中游动的锦鲤能为屋内及屋面平台上的使用者带来全新的感受

图 2-18、图 2-19、图 2-20 筷子元素的运用

　　筷子是中国几千年餐饮文化的象征，独具代表性。筷子作为餐厅设计的主要元素，贯穿整个空间。在入口处是由 5000 多双筷子黏贴而成的肌理墙。楼梯处，树立着放大了几十倍的筷子雕塑，让人犹如身处巨人国，带着些许童趣。走廊的天花板上，玻璃板上随意散落的筷子形成的光影让人着迷，还有象牙筷子做成隔断、玻璃筷子做成灯……

关注：

　　目前较为流行的是主题酒店和餐饮空间。如何抓住空间的主题是需要仔细考虑的。主题的选择可以根据历史、地理特征、民俗习惯、文化等，还可以根据消费对象的不同，比如年龄、性别、爱好等的不同来选择。

的服务方式。自助餐厅因为流动性较大，所以内部空间要开敞明亮，并根据餐厅服务的特点布置家具和设施。

　　（4）咖啡厅

　　咖啡厅源于西方饮食文化，主要是为客人提供咖啡、茶水、饮料等的休闲和交际场所，风格多采用欧式。咖啡厅的空间处理大多比较轻松亲切，环境干净整洁，平面布局较为简洁，座位设置较为灵活，适合少数人交谈、聊天。

　　（5）酒吧

　　酒吧多为夜生活的场所，大多数来酒吧的客人都是为了追求一种自由、惬意、时尚的消费形式。酒吧的装饰具有很强的主题和个性。有的酒吧以怀旧情调为特色，有的则体现原始热带风情，有的则表现了某段历史等。

2.3 现状及发展趋势

　　酒店风格受国际流行趋势的影响已经成为一个非常明显的趋势。人们来到酒店体验异国情调已经成为历史。设计师把握风格的时候，一定要拥有多元文化的修养、积累才能以国际化的视角来进行设计。而且我们做室内设计的时候还需要掌握设计的潮流，创造出设计的个性。酒店设计中的各类要素中，酒店的服务功能始终是最重要的，其次还有设计的概念、各界面的造型、材质等。随着设计材料的日新月异，设计师要勇于尝试新材料，还要将高科技成果大胆地引入到设计当中。

　　现代酒店设计的发展在功能不断拓展和完善以及需求不断提升的前提下，内部空间强调具有文化精神以及精神内涵是非常重要的，同时也决定了酒店设计的发展方向。酒店在不同的市场定位，不同的城市类别，不同的管理公司的条件下，在某种程度上来讲功能是也不尽相同的。全球化的进程使国际化模式和简约主义成为一种潮流，在风格多样的酒店设计中，浓郁的民族特色将会是出奇制胜的法宝，民族化的酒店空间更具国际竞争力。设计师应该尊重不同国家地区民族文化的自主性，立足本土，吸收和融合外来文化，才能不随波逐流，并使设计更富有意义。

2.4　国内外特色酒店

2.1.1　"设计酒店"的概念

"设计酒店"的形式始于 20 世纪 80 年代中期，源于世界著名设计师菲利普·斯达克（Phillippe Starck），其设计领域涉及建筑设计、工业设计、包装设计等，设计的产品从家具、灯具、高科技日用品，到服装、箱包、食品、汽车，应有尽有。对环境和人文的尊重是菲利普·斯达克的重要风格。法国前总统密特朗曾请他设计过爱丽舍宫的内部，在日本设计的一系列风格独特的建筑使他成为表现主义建筑的代表，还有巴黎高级艺术学院、波尔多机场控制塔等也都是他的杰作。

1990 年，菲利普·斯达克为纽约的派拉蒙酒店（Paramount Hotel）进行全面设计，由大堂的桌椅到房间的床柜到浴室牙刷，里里外外全都出自斯达克的手笔。客人住在派拉蒙酒店，就像住在斯达克的设计产品陈列室一样。菲利普·斯达克的名气加上其风格独特的设计使派拉蒙酒店成为世界顶级的经典"设计酒店"。从此"设计酒店"成为酒店业的一个前沿概念。

图 2-21　位于 Paramount Hotel 酒店顶层的 Drawing Room

这件名为"星云灯"（a constellation of lights）的作品由超过 4400 盏球状灯泡组成，是酒店总设计师朱利安的创意，由布鲁克林的艺术家 Annika Newell 和 Tom Schultz 制作

图 2-22　餐厅的设计中不论是在色彩方面还是在装饰图案上都极具特点

图 2-23　酒吧的设计中融入了中式的一些元素

图 2-24　卧室采用红绿的撞色搭配

"设计酒店"通常是指采用专业、系统、创新的设计手法和理念进行前卫设计的酒店。它是酒店产品的特殊形态，是酒店业发展高级阶段的产物，是设计文明与酒店文化高度融合的社会人文现象，具有独一无二的原创性主题，具有与众不同的系统识别，且不局限于酒店项目的类型、规模和档次。

2.4.2 "设计酒店"的发展

"设计酒店"的设计理念就在于敢于挑战现有观念，不断树立新的坐标。伊恩·施拉格（Ian Schrager）酒店公司在美国和英国拥有数家"设计酒店"的连锁，但每间酒店的设计风格截然不同。洛杉矶的蒙德里安酒店（Mondrian Hotel）位于好莱坞日落大道，设计上力求简约，以极简主义（minimalist）著称，抽象的几何线条充分体现着蒙德里安绘画风格，其中的"空中酒吧"（Sky Bar）是好莱坞名流经常出没的场所。纽约的美仑大酒店（Royalton Hotel）具有强烈的怀旧艺术氛围，酒店的外观就是一座剧院，艺术长廊型的大堂横跨一个街区，向世界传递着"酒店即剧院"和"大堂社交艺术"（lobbysocializing）的创新性理念。迈阿密海滩上的德拉诺酒店（Delano Hotel）则因其独特的半露天式大堂成为建筑经典。伦敦的桑德森酒店（Sanderson Hotel）被誉为世界上最具嬉皮风格、最性感的酒店。菲利普·斯达克的天才设计体现出浓郁的个人风格，使这些酒店成为充满魅力、乐趣和惊喜的所在。"设计酒店"由此成为酒店业的一种潮流，许多酒店巨头等纷纷投资"设计酒店"，以吸引高品味的商务住客和设计爱好者们。

图 2-25、图 2-26　美仑酒店大堂
由纽约著名设计公司 Roman & Williams 操刀，一改往日"时尚秀场"的张扬，富有传奇色彩的大堂从聚光灯下的表演舞台变为欣赏表演的私密包厢——皮革与木材营造出的深邃、幽暗而高贵的另一种性感。通过清冷的压铸玻璃门廊、黄铜质感的装饰元素、柔软的小山羊皮垫等元素，在富有野兽派风格的铁质墙体或皮革墙壁的背景烘托下，营造出深邃、性感、豪华的气质。不仅将饭店的现代设计向前推进，还保持了饭店一贯具有的时尚和全球性的文化感

图 2-27、图 2-28、图 2-29　巴塞罗那艺术酒店

　　该酒店室内设计由设计业界最受追捧的西班牙女设计师帕奇希娅·奥奇拉（Patricia Urquiola）完成。奥奇拉擅长在复古与流行之间寻找到平衡点，以自然素材及创新、前卫的手法表现女性的柔软与细腻，在随意中创造出一种与众不同的自我风格，而这些特点都一一体现在酒店的室内设计中

　　"设计酒店"追求时尚（boutique）、前卫（edging）、精致（sophisticated）和创造性（creativity），这也给设计家们提供了发挥天才的舞台。例如，美国新奥尔良的 Loft 523 酒店（Loft 523 Hotel）体现着著名建筑师赖特（Frank Lloyd Wright）的"有机建筑"的理念；纽约的美世酒店（Mercer Hotel）具有强烈的波西米亚风格，以吸引"苏荷"一族（SoHo：Small Office, Home Office）的光顾。一些历史悠久的酒店，如建于 1911 年的英国艺术之家酒店（Art House Hotel）也请名家设计，改建成博物馆型的"设计酒店"。国际酒店连锁集团也意识到"设计酒店"的重要性，纷纷斥巨资专门请著名建筑师设计，如丽思卡尔顿酒店（Ritz Carlton Hotel）在西班牙的巴塞罗那艺术酒店（Hotel Arts Barcelona），由建筑师弗兰克·盖里（Frank Gehry）将酒店的外观设计成

　　"设计酒店"追求时尚与前卫的风潮，很快便从欧美漫延到了亚太地区，旅游胜地的泰国曼谷的大都会酒店（The Metropolitan Bangkok）便是其中之一。大都会酒店的建筑设计深受现代简约主义风格的影响，又融合了大面积的白色、黑色和木质色，十分优雅；在公共空间的创作上则运用了收放、开合、通闭的手法，外墙与玻璃的虚实比例也被分解得干净利落，相当明确，有着乐章般的节奏；那个宽大简洁的主入口雨蓬更被建筑师切削得如此平整又如此精细。在建筑上，形式、色彩和材质被坚定地归纳到一个有限范围里：白色墙面和深灰色玻璃构成的外立面对比；白色建筑体块的空间组织和变化；黑色带来的视觉份量；以及木饰面传达的温和的地域文化信息。除此之外，几乎拒绝了所有建筑装饰，即使在高高的大堂天花上，也没有酒店常见的大吊灯。酒店对独特风格的追求，并没有影响对酒店经营功能的充分满足，设计之道与经营之道的结合，相得益彰。

　　国际酒店订房公司也注意到"设计酒店"的价值和独特吸引力。五大国际性订房网站之一的 Travel Intelligence 在订房的分类中专门有一项 Design Hotels，包含了全世界的"设计酒店"信息，以吸引那些重视独特体验的住客。1993 年，美国国际网络订房巨头 SynXis 公司成立"设计酒店"公司（Design Hotel Inc.），创建了 Design Hotel 网站，第一个月的总订房量就增加了 30%，充分说明了"设计酒店"的市场潜力。

图 2-30　O! Hotel 酒店餐厅

图 2-31　O! Hotel 酒店公共休息区

图 2-32 深圳威尼斯酒店公共区域

图 2-33 厦门海港英迪格酒店大堂
酒店大堂雕塑是用用码头船舶上生锈的
螺丝螺母等镂空焊接成的，主题是"等待"

2.4.3 中国"设计酒店"的探索

21世纪后，中国出现的一些主题酒店也具备了"设计酒店"的概念要素。如深圳威尼斯酒店在建筑装潢及小品设计上，努力突出异国情调，是国内第一家以威尼斯文化为内涵、以意大利风情为特色的商务度假型主题酒店。广州长隆酒店置身于长隆野生动物园景区内，以南非风情为特色，以生态园林为主题，设计处处洋溢着原始创意与风情：酒店前的生态广场的12座青铜雕塑以南非图腾为背景，前厅上方的浮雕以非洲土著居民为原形，酒店的两个中庭花园，分别养着珍贵的白老虎和火烈鸟。这些设计使客人置身于近原始生态，与野生动物咫尺之遥，体现了人与动物的充分接触、人与自然的完全结合，可见酒店设计者的匠心独运。此外，珠海以温泉文化为主题的御温泉酒店，福建武夷山以闽北风情为主题的武夷山庄酒店，山东曲阜以新古典文化为主题的阙里宾舍酒店等，都展现出"设计酒店"的特征。

在不长的时间里，设计酒店在中国有了长足的进步。自从2009年起，有媒体设立了"中国最佳设计酒店大奖"评选。这个奖项根据客观、公正和科学的评选方法，评选出中国最佳的设计酒店。至2013年这个评选已经进行了四届，2013年获得年度最佳酒店奖的是三家精品酒店分别是：厦门海港英迪格酒店（Hotel Indigo Xiamen Harbour）、上海御锦轩全套房酒店（The ONE Executive Suites Shanghai）、北京东隅酒店（EAST Beijing Hotel）。

中国的酒店业自20世纪80年代引入国际酒店经营模式以来，经过三十多年的摸索与学习，渡过了行业发展的初级阶段，具有了自我管理和发展的能力，已进入高速发展期，成为中国经济中与国际接轨最紧密的行业之一，与国际酒店业发展潮流息息相通。国际潮流和前卫观念拓宽着酒店业者的思维方式和投资视野，"设计酒店"也成为中国酒店发展新时期的重要趋势。随着国内酒店数量的增多，酒店市场竞争日益激烈。"设计酒店"的理念可以给我们新的启发，"设计酒店"自成体系的个性与市场风格也为酒店行业带来新的希望。

思考延伸：
1. 酒店与餐饮空间有哪些特征？
2. 酒店的分类依据是什么？
3. 酒店与餐饮空间的发展趋势是什么？

第 3 章　酒店设计基本程序与方法

随着酒店服务趋向于专业化和差异化，不同的酒店室内空间的设计都有着明显的专业特点和不同的程序。与一般商业空间的设计相比，酒店设计的专业性要强得多。而且酒店的投资、经营与管理常常是不同的对象，往往对设计也有不同的要求，设计的程序与方法也不尽相同。因此，了解酒店设计也必须了解酒店设计的基本程序与方法。

3.1　酒店设计的程序

3.1.1　设计师对设计对象的了解

设计师在接受酒店设计任务时，通常需要花大量的时间来做设计前的案头工作。由于多数酒店的经营通常由某品牌的经营公司来承担，阅读有关该酒店品牌的相关手册，了解具体的细则，熟悉各项规范与细节，是设计师首先要做的。了解消费群体定位和经营理念，并涉及酒店的功能、规模、档次以及风格等各个方面，这是进行酒店设计的前提条件。

消费群体决定了酒店设计的方向，比如旅游胜地的度假型酒店，在设计上主要是针对不同层次的旅游者，为其提供休息、餐饮和借以消除疲劳的健身康乐的现代生活场所。商务酒店一般具有良好的通信条件，具备大型会议厅和宴会厅，以满足客人签约、会议、社交、宴请等商务需要。经济型酒店基本以客房为主，没有过多的公共经营区，实用大方。

每个酒店品牌都有明确的消费群体定位，如同属于喜达屋（Starwood）国际酒店集团的圣瑞吉斯（St.Regis）饭店是世界上最高档饭店的标志，代表着绝对私人的高水准服务。威斯汀（Westin）在饭店行业中一直位于领先者和创新者行列，它分布于重要的商业区，每家饭店的建筑风格和内部陈设都别具特色。至尊精选（The Luxury Collection）则为上层客人提供独出心裁服务的饭店和度假村的独特组合，如华丽的装饰、壮观的陈设、先进的便利用具和设施等。W饭店（W Hotel）针对商务客人的特点对服务设施和服务方式、内容上有全新的设计。

3.1.2 酒店经营公司在建筑初期的参与

通常在酒店的建筑设计阶段，酒店的经营公司就可能介入到整个建筑的设计过程。经营公司可以做以下事项：提出详尽的项目理念，内容会涉及市场条件、区域的发展和设施的合理设计；提出有效经营的楼层计划；复审酒店特殊区域和相关使用功能设计（如零售等）和整体兼容；复审初步的详细设计计划，保证项目的建筑、工程和消防安全符合品牌标准；复审最后的建筑计划和最终确定的规范及审批合同文件。

3.1.3 酒店经营公司对室内设计的介入

经营公司通常会对酒店室内设计提供以下协助：提出有关室内设计主题，功能分区的确定，客房家具布置风格，公共区域、餐厅酒吧和多功能厅的室内设计要求（如有需要，让室内设计师制作附有说明的示意图）；审核室内设计师提出的设计建议，协助完成室内设计初步计划（包括布置计划、立面图和色彩设计）；协助室内设计师，并提供楼层、家具、细软用品（包括窗帘、床上用品、工艺品）及其他室内设计相关的规范和标准；审核室内设计作业图和家具规范，使之符合特定的经营公司在品牌形象上规定的设计标准。

3.1.4 提供固定设施、家具和设备的配置标准

通常酒店经营公司在固定设施、家具和设备(FF&E)的配置方面有一定的要求和标准，在设计过程中，通常会提供的协助是：协调初步设计、初步预算的制作过程，并给出设计、计划说明；做好建筑、室内项目、FF&E的招投标、合同商榷准备工作；审核工作进度，并对建筑、室内设计、FF&E以及营业设备提出具体意见，使之符合品牌标准；审核建筑、室内设计、FF&E以及营业设备（不包括营业用品）相关的标书修改和工作改进，并给出符合品牌标准的提议；按批准的图纸、制订的规格和质量要求，拿出工作进程和工作检查意见。

关注：

在设计之前设计师需要与甲方和经营者进行沟通，充分理解设计意图和设计方向，并保持紧密的联系，以减少不必要的工作量，节约成本。

3.1.5 推荐照明标准

　　照明设计是酒店设计上的一项重要的内容，且影响到酒店设计的质量与效果，酒店经营管理公司通常在照明方面提供如下协助：向业主的电器工程师顾问提供初步的客房、公共区域、后台区域的照明要求；复审客房、餐厅、酒吧、宴会厅、包房、大堂、立面、外部绿化和其他地方的初步照明计划，并给出意见。照明设计要符合品牌管理公司制定的标准；复审最后的照明布置，包括具体的灯具类型，款式设计和调光设备的标准，并提出意见；复审业主所聘用的电器工程师所做的照明计划和制定的规范；提供营业用设备预算（如果需要，管理公司会向业主推荐照明顾问）。

　　了解酒店经营公司对酒店设计可能的协助，对于业主、投资人、设计单位（设计师）以及管理公司本身同样重要。业主和设计师通过品牌公司的这些专业协助，使品牌特征很好地融入设计之中。

图 3-1　光纤灯的效果图
　　入口大厅设置了长达 5m 的光纤灯，其强烈的色彩冲击可以使人过目难忘。走廊中的基调以红黑为主

3.2 酒店空间设计的法则

酒店设计在程序上有其特定的要求，而在设计过程中所遵循的设计法则通常与一般的商业空间设计基本一致，只不过更加强调在设计法则的应用过程中，更加注重对酒店服务特点的关注。

3.2.1 服从使用功能

酒店与餐饮空间的各区域承担着不同的实际功能，比如住宿、接待、用餐等。在空间设计中需要坚持的原则首先是要服从服务于使用功能。只有形式服从功能，才能在设计中体现功能的主导性，使设计更加合理，使用起来更加方便。

3.2.2 以人为本

以人作为设计的根本出发点，关心人的身心健康，注重人的全面需求。需要在设计时体察人的实际需求，并引导人的体验向着积极的方向发展。首先制造适宜人体的空间尺度和空间环境，将冷热、明暗、大小、高低等控制在舒适的范围内。其次是制造符合形式美学的室内空间，明快的、均衡的、前进的、完整的空间感会给人积极的心理引导，要把握住空间设计的节奏、韵律、比例、色彩等，创造出符合人们审美心理的室内空间。三是制造符合人文心理需求的空间，提供文化体验和认同感。

3.2.3 酒店空间的流线关系的设计原则

酒店空间的流线是酒店运转的动脉，流畅的流线能使酒店的各项功能协调有序地运转；反之，如果酒店运转不顺畅，就会影响酒店的经营形象和经

图 3-2、图 3-3　曲线设计的酒店
根据酒店的特色，餐厅在设计时从侧面到天花都采用了大量的曲线，营造出大海有节奏的潮起潮落，环绕着整个餐厅的开放曲线结构采用了开放式方式，从而避免了与周围环境的隔离，水晶灯具和云状的枝形吊灯是空间的精华，突出了设计的自然理念

图 3-4　酒店空间层次效果展示
　　餐厅在空间规划上强调层次的丰富性，动静结合。点、线、面灵动组合，不仅可以丰富空间层次，同时又脱离了中规中矩的排列

图 3-5　酒店大堂空间
　　运用木质隔断将空间隔开，丰富层次性

济效益。酒店的交通流线系统的规划和设计分为"室内"和"室外"两大区域。在室内又分为"横向"和"竖向"两方面即水平交通和垂直交通流线从横向到竖向分为客人流线、服务流线、货物流线和信息流线四大系统。酒店流线的设计原则是：客人流线与服务流线互不交叉，客人流线直接明了，服务流线快捷高效，信息流线快速准确。

3.2.4　尊重自然原则

　　尊重自然就是满足休闲亲近自然的内在需求，将人与自然的和谐作为酒店环境空间塑造的原则，还给人最本源的自然体验，使人的心灵得到回归。酒店的设计要适当展现当地的乡土特点，尽量用传统的绿色建筑手段来适应气候。酒店的建筑与室内设计应该尊重当地的自然环境，对环境持一种包容、友好及和谐的态度。

3.3 空间设计的方法

酒店空间形态设计的关键是处理好空间形体、人的心理效应和空间的使用功能三者之间的关系，由于不同空间形体给人的心理感受不同，因此设计时要使空间形体满足空间使用功能的同时，还要与其他功能结合，吸引客人互动。

3.3.1 借鉴的方法

不同的历史时期有不同的文化特点。对于某一时段的酒店，其空间设计可以借鉴历史上这一时期的建筑特征。我们拥有悠久的历史文化，期间建筑的发展更是形成一门独具特色的文化，这为酒店空间设计提供了丰富的资源。借鉴法是对已有的历史建筑持尊重的态度，并在此基础上有所创新，反映时代感，这样的设计才是丰富多彩的，而不是一味模仿。照搬历史会使人们停滞在历史中，没有进步、缺少活力。

3.3.2 抽象的设计手法

现代酒店的功能较复杂，现代建筑结构也使建筑形式中的很多部分成了装饰元素。因此，在满足现代酒店功能、技术要求的基础上，可以把地域建筑的形体或传统构件、装饰等抽象出来，运用到室内空间设计上，引人无限联想。

关注：
特色的室内空间设计在设计方法和流程上与普通室内设计是相似的，营造特色的关键在于经验的积累和艺术的审美眼光。

图 3-6、图 3-7 现代酒店设计
进入酒店房间，满室的白色在原木色地板的衬托下，淡淡地散发着温暖。极简主义的家具大多呈方形，调剂了圆形空间可能给人带来的感官错乱，将现代美学发挥得淋漓尽致。舒适的房间内，传统玻璃窗被直径 1.8m 的舷窗式透视窗替代，海一样的蓝色，如同远洋游轮行驶在辽阔的大海

3.3.3 联想法

联想法是把人们所熟知的某个空间场景或文化意向映射到空间中，通过空间比例及尺度的控制，展现在新的空间中。空间形态的设计是植根于酒店文化上的大胆尝试，空间被赋予微妙的暗示性或戏剧性的效果，常常表现为一般性和戏剧性相结合的设计手法。

3.4　空间设计的流程

酒店餐饮空间的设计是在建筑设计的基础上对建筑空间的完善，所以在进行室内空间设计时首先需要了解和尊重建筑设计本身，然后在此基础上进一步对内部空间形式进行完善。

酒店与餐饮空间设计程序跟一般的室内设计程序差不多，在内部空间上可以先确定酒店与餐饮空间的主题风格，再进入空间设计的细化流程。比如，根据风格确定装饰施工材料；根据定位进行空间的功能布局并做出创意设计方案效果图和创意预想图；然后修整、定案；进行深入设计和图纸的制作（效果图、平面图、立面图、结构图、设计说明等）；接下来跟进施工、合理的施工组织和管理、家具选择、装饰陈设布置；最后完成灯饰等细节的调整。

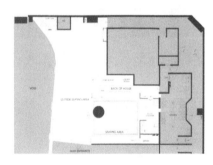

图 3-8、图 3-9　某酒店餐厅设计

餐厅的室内设计充满着异国情调，采用一种现代布置让人记起城市过去的景象。所有的木材和瓦片主要应用白色和蓝色，让人仿佛置身于码头。过去和现代交织在一起，充满诱惑的过去时尚让人忆起过去幸福日子的每时每刻，天花板应用了天然粗糙的船板，有一种海滨的气息

图3-10、图3-11、图3-12　某酒店室内陈设设计
　　室内陈列质感润泽的字画和错落有致的格架寓意丰裕，步入其中犹如置身于优雅安静的书房，墙面浅色木纹铺装，配以白色装饰画为装饰，采用的是现代装饰手法，灯光又将空中所有物体撒上一层黄金色调，尊贵与舒适感油然而生，营造出"家"的感觉

3.5　艺术与风格化特色

　　艺术化与风格化是酒店设计不同于一般的办公空间、商业空间的重要特征。不同类型、级别、用途的酒店与餐厅其内部空间多各不相同。比如说，带有休闲性质的度假酒店等，它们的装修往往采用具有地方特色或历史主题的设计手法；具有明显品牌特征的时尚型酒店则把品牌精神、设计师的理念等都带入酒店空间设计中，使酒店成为品牌精神的一种延伸。

　　实现艺术与风格化重要的前提是在设计中充分发挥艺术的想象力和创造力，按照艺术创造的规律来规划、设计酒店的空间、界面和环境，营造带有明显艺术视觉特征和氛围的空间环境，并以此服务于酒店的各项功能。实现艺术与风格化的途径是利用带有明确的特点与倾向性的空间布局、装饰材料、照明灯具、灯光效果、艺术品陈设、绿化等各种途径来营造。

思考延伸：
1.酒店空间设计分几个步骤？
2.酒店空间设计的方法有哪些？
3.酒店空间设计有哪些原则？

第4章 酒店大堂空间设计

4.1 大堂空间概述

酒店大堂是接待宾客的第一个空间，是出入酒店的必经之地，具有咨询、入住、结账、等候等服务功能，是酒店功能结构中最重要和最复杂的部分。大堂的布局和风格是能给客人留下印象最深刻的部分，是酒店空间体系的核心所在。

大堂空间通常是指以大堂为中心，结合门厅、前台接待、中庭、休息区、大堂酒吧以及零售场所等公共设施所组成的综合空间。大堂作为主要流通场所是酒店交通的枢纽，可以为客人提供接待、等候、休息、交往等功能空间。从酒店管理角度来看，大堂是个控制中心，从这里工作人员可以观察和掌控酒店的基本事务。

大堂设计是酒店空间设计的装饰重点，大堂的设计应围绕着构思主题，采用多种设计手法以创造氛围为目标，确定酒店的风格，营造酒店的特色。此外，酒店大堂经常是室内设计潮流和趋势的风向标。

图 4-1 乌纳维托利亚酒店（Una Hotel Vittoria）

4.1.1 基本能要求

大堂设计目的就是为了在满各项基本的使用功能外让顾感到精神上的愉悦心理上的满足，所在大堂设计的时候应量考虑以下功能性的内容：

① 不同的空间关系的布局；

② 不同的环境的比例尺度；

③ 不同的家具及陈设布置、设备安排；

④ 不同的大堂采光与照明；

⑤ 不同的大堂的绿化与陈设；

⑥ 不同的通信、消防与安全；

⑦ 大不同的堂环境的材质与色彩；

⑧ 不同的整体的艺术氛围。

除上述内容外，大堂空间的防尘、防震、吸声、隔声以及温湿度的控制等，均应设计时加以关注。注意应将满足其各种功能要求放在首位。

图 4-4　具有民族风情的酒店大堂

关注：
　　一些大酒店的设计构思以华丽的皇家风范为基调,注入现代元素,暖色调的酒店大堂烘托出明快、辉煌,展现出古今相容的空间,创造出喜庆、典雅的感觉。酒店大堂的墙、顶、地面抓住金黄色基调,相互呼应。

4.1.2　空间利用的要求

　　大堂作为客人和酒店活动的主要场所,无论功能要求,还是空间关系,比起其他场所来都要复杂得多。酒店大堂的空间既可作为酒店前厅部各主要机构,如礼宾、行李、接待问讯、前台收银、商务中心等的工作场所,又能作为过厅、餐饮、会议及中庭等来使用。在设计时应考虑如何利用好这些功能,使其能为大堂空间的充分利用和氛围的营造提供良好的客观条件。

4.1.3　风格与特色的要求

　　大堂的功能复杂,设计要求较高。在设计上应做到统一而不单调,丰富而不散乱,力求形成自己的风格与特色。要抓住酒店建筑结构及大堂空间特点等因素,来确定酒店大堂的设计主题,并利用现代技术手段表现出来。在设计上应注意几个误区:如果过分注重使用功能上的不同,往往会概念先行;而如果过分注重空间的视觉效果,便常常会忽略人的感觉。因此,应系统考虑功能、视觉效果和使用者之间的关系。

图 4-5　某酒店黑白色调的大堂空间

4.1.4　整体感的营造

　　酒店大堂各个空具有各自不同的使用功能。设计时切忌只求多样而不求统一,或只注重细部和局部装饰而不注重整体要求,使整个空间显得松散、零乱,破坏大堂空间的整体效果。大堂设计应遵循"多样而有机统一"的原则,注重整体感的塑造。

　　大堂整体感的营造可从下列几个方面考虑。

（1）母体法

在酒店大堂空间造型中，以一个主要的形式有规律地重复再现，使其构成一个完的形式体系。母体元素的重现形成空间的主旋律，渗透到各个大小空间中，这种多样变化在不同空间中不仅不显散乱，反而整体感觉十分强烈。就像音乐一样，有着主要的旋律，虽然经过各种不同的变化，但基调是不变的，所以始终可以保持曲子的和谐性和完整性。

（2）主从法

构成大堂空间造型的要素有：形体的大小、轻重、厚薄等；材质的软硬、粗细、光泽度、透明度等；形状曲直、方圆等；色彩的对比、调和等；光线明、暗、虚实等。这些要素在设计时应当有主有从、主次分明，应面面俱到、平均使用。可考虑以下做法：

① 着重体现奇特的造型；

② 大胆展示材质、肌理的美感或现代科技成果；

③ 利用光线营造大堂的气氛；

④ 注重色彩在整个大堂空间中的运用；

⑤ 大堂风格、流派、样式要统一。

图 4-6　某酒店宏伟的大堂

图 4-7 某酒店服务台
　　服务台的背景墙用一幅幅画拼接而成，
活跃了空间

（3）重点法

突出大堂内重点要素，没有重点要素的大堂平淡无奇而且单调乏味，但有过多的重点要素，就会显得杂乱无章、喧宾夺主。所以应采取恰当的手法使从属要素起到烘托重点要素的作用，使重点要素与从属要素相辅相成、和谐共存。因此，在大堂重点要素的处理上，应既得到足够的重视而又应有所克制，不应在视觉上压倒一切或排斥一切，使它们脱离大堂整体，破坏大堂整体感。

（4）色调法

利用基本色调来构成整个空间的统一，烘托大堂的气氛，比如：热烈的、温暖的、柔和的、庄重的、活泼的、清淡的或轻松的。色调法可分为对比法和调和法两大类，用这两种方法可以做出丰富多彩的色调来。对比法并不是指简单的不同色彩相互映衬，而是需要在一定的主从关系，利用这种对比使空间统一中蕴含着变化；调和法最易使大堂空间形成整体感，且色调也最易统一，即使有变化，也只是同类色之间的协作关系。

图 4-2、图 4-3　以菱形为元素的酒店设计

室内设计与建筑外形相融合，大厅内部通过对阿拉伯雕刻窗的现代阐释，在对面的流动空间中用轻巧的白色格子墙来定义专属的私人空间。在设计中采用菱形图案中复杂的格子投影装饰周围的环境。内饰选择了深紫和靛青，创造性地使用色素的颜色和污渍去营造自然的感觉

4.2 大堂总体设计

大堂设计应遵循酒店"以人为本"的经营理念，注重营造宽敞、华丽、轻松的气氛给客人带来美的享受。酒店的形象定位、投资规模、建筑结构等方面条件决定大堂的整体风格和效果。在大堂的设计上应围绕构思主题，采用多种设计手法营造大堂气氛。

4.2.1 空间处理

室内设计是建筑设计的继续和深化，是室内空间和环境的第二次创造。空间效果的营造对于室内设计来讲十分重要。空间处理最常用手法是增加室内空间的层次。增加室内空间的层次方法很多，比如设置隔断、铺地材料的变化、部分吊顶的升降和家具的利用等。

酒店大堂的面积较大，所以利用各种方法增加大堂的空间层次很有必要。比如一些酒店建筑设计没有给休息厅划分单独的空间，那么就可以通过地毯、沙发和茶几等将它同其他空间区分开来。还有的酒店在大厅正对入口处设置屏风，这种类似照壁的做法也丰富了空间层次。

图 4-8　酒店大堂与商务空间相连设计

图 4-9　某酒店中自然元素设计

设计师用大自然中抽取各种自然元素，山、水、云、星混为一体，黄色、绿色、白色等营造出一种丰收、喜悦以及祥和的氛围，有一种城市中的森林之感。大堂的装饰非凡，包括一面黄金雕塑墙面和 LED 灯墙面，为酒店奠定了清新现代的风格。在设计上墙为山、地为水、灯为云。以山为形的黄金墙仿佛太阳之光洒遍山间，闪耀金辉，天花吊顶是伴于山间的团团白云，仿佛流水般缓缓倾泄的花岗石纹地面与点点绿色相呼应

图 4-10　酒店入口大门及迎宾接待

4.2.2 界面处理

　　空间的界面是由墙面、地面、顶面等形成的空间边缘、界限。大堂界面的处理需具备引导、限定空间、增加艺术感等功能作用。

　　大堂的天花绝对不能简单处理，独特造型的天花会增加大堂的变化，在空间构成上形成有效的互补，以此为主旋律展开整个大堂的设计。多叠级的天花造型，配以中央大型豪华吊灯，营造出豪华堂皇的氛围。再配以发光灯槽，既能体现酒店档次，也能满足酒店的功能需求。

　　大堂层高一般较高，如果整个墙面只用一种材料饰面就会显得单调，所以墙面宜用色相近似、质地不同的材料。这样既不影响整体效果，又使墙面富有变化。有时也可以用反差很大的材料作分割，但需注意控制好比例。大堂墙面的处理往往用大量石材为主要材料，增加大堂的光感，使得大堂光亮也非常洁净。精美的窗帘与墙面也可以起到丰富立面效果的作用。

图 4-11　大堂休闲区设计
　　富有设计感，用红色半圆形沙发与圆形的地毯围合成一个个单独的区域，方便客人休息与交谈

图 4-12　大堂空间色彩活泼

图 4-13　HARD ROCK HOTEL 酒店入口处

地面石材颜色以靠近墙面为主，使整个空间在色彩上协调一致。以上各部分构成了一个光鲜靓丽豪华洁净的大堂，有效贯穿了豪华现代的设计理念。

4.2.3　细部处理

细部处理是室内设计中的重要部分。要做好细部，需要设计师多了解其他专业的知识，除了建筑设计和结构设计，还有暖通和水电等专业知识。细部设计到位不仅有助于施工，还可以提升设计效果。

细部的收头在室内设计中是一种重要手法。经常遇到的是阴角和阳角的收头处理。一般来说，阴角的转折、材料的运用比较自由，可以用同质、同色材料，也可以用异质、异色的材料，而阳角必须用同种材料。

4.3 大堂分区设计

4.3.1 总台区

总服务台也称"前台"，是酒店对外服务的主要窗口、经营中心和视觉中心。前台最基本的功能是接待和登记，同时也提供出纳、记账、货币兑换、贵重物品保管等服务。有时一些商务服务也会设在前台，比如汽车租赁、旅行社、邮电等。

前台应设在大堂最显眼处，客人来往最方便的位置。前台不仅包括服务台，还包含一定面积的办公室区域和其他功能区域（比如更衣室、储藏室、保安监控室等）。服务台空间的大小取决于酒店的规模、档次、类型以及地域，不同地区的要求是不同的。有些酒店还在入口、前台、电梯厅附近设置单独的门童工作台来提供接待服务。还有些酒店会在前厅设置大堂经理工作台，工作台一般位于主要交通路线旁边，可以看到入口和总服务台。

图 4-14 某酒店总服务台

总服务台顶面的壁画具有典型的装饰作用，搭配金色的线脚和水晶吊灯显得辉煌大气

在前台的设计上要特别注意背景墙和天花的设计。前台背景墙是酒店风格、特色、品位的象征，在整个大堂设计中起至关重要的作用。背景墙在设计上应采用高度凝练的艺术手段，体现高端大气、意境深远、地域性等特色。可用抽象的造型图案装饰，也可用粗犷的石材雕塑做装饰，在众多现代元素当中增加一点古朴，去除了很多浮躁，在整个大厅当中画龙点睛，凸现鲜明的酒店文化主题。前台的天花设计应与大堂天花有所区别，使前台成为一块独立的区域，在照明上也可集中。

图 4-15、图 4-16　酒店大堂的墙壁是用用刺绣和印花布拼接而成的装饰，与现代装饰品形成完美的对比

4.3.2 休息区

休息区是为客人提供休息、交谈或等候的空间，也是酒店大堂中另外一个主要的功能部分，一般设在主入口与总服务台附近、主要交通干道附近。面积大约占整个大堂空间的 20%。

休息区的设置既可以丰富大堂空间层次，又可以让大堂充满情调。休息厅的布局非常灵活，可设置一组到四组沙发，配以小型绿化、灯饰等形成一个单独的空间，也可以在地面和天花上做些特殊处理，使其形成独立空间。

在休息区中可以设置大堂酒吧。大堂酒吧提供酒水服务，客人可以在这里休息小酌、会客等候或闲谈、商务会务等。大堂酒吧是大堂环境中的活跃因素，其布局和空间塑造手法都丰富多样，一般要求做到座位舒适、光线柔和。有时为了营造浪漫的氛围可以摆放钢琴、绿化、小品、陈设等，在灯饰的选择上也要仔细考虑。

图 4-17　大堂休息区
　　利用家具和背景墙将大堂中的一个区域隔离成休息区，并极具风格特色

图 4-18　大堂的休憩区

4.3.3　零售、商业区

　　通常位于大堂附近，是专门设立的一个区域，与大堂保持着紧密的联系。除了会售卖报纸、香烟、药品等日用品外还会根据酒店的特点以及顾客需要售卖不同商品，比如泳衣、防晒霜、户外用品等。此外，在一些高档酒店还会设置品牌店和专卖店等。

4.3.4　交通区

　　（1）入口

　　客人到达酒店后，首先看到的就是酒店的入口，入口能给客人留下第一印象。入口对于酒店来讲并不仅仅是出入的通道，更是室内与室外的过渡空间。入口由门、门洞、台阶、引道、入口广场以及在这个范围内的其他因素（比如铺地、绿化、栏杆、水景、雕塑、停车场等）共同组成。

　　酒店的入口设计必须与建筑的性质和风格相符，还应满足建筑的功能要求，比如交通功能、标志功能、引导功能、文化功能等，而且要与周围环境相互协调。

　　入口空间还应与人的行为密切相关，对人的行为起引导作用，要满足人们进出时的各种行为需要，考虑人们的过渡性生理和心理感受。

　　入口空间设计还应有效地组织各种不同的人流，避免客人与服务流线的相互干扰，提高酒店的管理效率。所以酒店不仅有主入口，还有几个次入口（比如套房入口、员工及后勤服务入口、会议厅入口、宴会厅入口、休闲区入口等）。

（2）电梯厅

电梯厅是联系大堂与客房的重要交通空间，通常设置在大堂的次要位置并要方便客人到达。电梯厅内可以设置垃圾箱、陈设品或休息设施等，还要有足够的空间容纳等候电梯与进出电梯的客人及他们携带的行李。

酒店电梯的数量和规模随酒店的规模和档次而不同，对于人流集中的会议厅、宴会厅等需要另外设置电梯。通常套房也需要有专门的电梯。

图 4-19　酒店走廊
顶面的曲线形灯具使走廊更具延伸感

图 4-20　酒店电梯厅
电梯厅的走廊上使用了很多镜面装饰，既可以在视觉上增加空间的大小，也能够体现现代的感觉

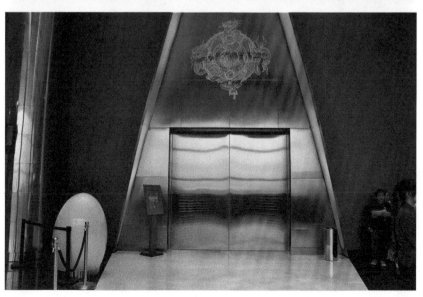

图 4-21　电梯厅入口
造型简洁，用色彩来塑造高端的酒店氛围

4.4 设计案例分析

一般的传统星级酒店大堂讲究的是功能合理、流线清晰和合适的面积要求，这些要求对于人流量大的大型酒店的大堂空间是十分必要的，住客所有的入住手续在大堂内总台上完成，大堂是一般酒店的交通和功能核心。而对于精品酒店而言，由于精品酒店规模较小，客流量少，大堂的功能性要求没有传统酒店大堂严格，例如精品酒店在住客入住登记未必一定要在总台上，大多数精品酒店是住客进入客房时进行登记手续的，这种服务模式直接导致了大堂功能性要求的降低，反而是向住客展示酒店文化的精神性要求较高。精品酒店大堂面积一般较小，但是在细部及空间装饰方面却精益求精，强调更多的是为住客营造温馨亲切的气氛。走进一家精品酒店的大堂，从大堂的风格就知道整个酒店的特色，大堂最重要的功能就是向住客传达关于酒店的文化信息。

图 4-22、图 4-23　某酒店大堂设计
.整个空间活泼，时尚，具有现代感

图 4-24、图 4-25、图 4-26 某酒店餐饮空间设计

墙面和地面具采用花纹作为装饰，使整个空间融为一个整体

图 4-24、图 4-25、图 4-26 某酒店餐饮空间设计

墙面和地面具采用花纹作为装饰，使整个空间融为一个整体

图 4-27 某酒店休闲空间设计
　　其墙面以花作为装饰渲染整个空间

思考延伸：

1.大堂空间通常可以分为哪些区域？

2.大堂的室内设计如何做到凸显风格？

第 5 章　酒店客房空间设计

5.1　酒店客房空间概述

　　客房区域是酒店的基本组成单元，也是酒店的核心，也是入住者的主要活动场地，它们或潇洒、或漂逸、或奔放、或安宁、或古朴典雅、或摩登新潮，其风格和特点比酒店的外观、大堂或者其他区域给客人留下的印象更深刻。客房的设计理念、功能布局、装饰风格、面积大小、照明效果、光照条件和卫生整洁程度等都对客人的感受有直接的影响。

图 5-1　富有地域和民族特色的客房空间

5.2 客房房型与服务空间规划

为了满足各类客人的需求，目前酒店的客房类型也是多种多样。有单人间、标准间、多床间、商务套房、总统套房和无障碍客房等。目前酒店的客房使用较多的房型是双床间和双人间。

（1）单人间

单人间配备一张单人床。可以根据户型不同，摆设不同，配制出多样的单人间，满足不同类型顾客的需要。例如：适用于商务旅行的单身客人居住的商务单间；适合青年旅行者居住的运动单间；适合背包单身女性旅游者居住的女士单间等。

（2）大床间

大床间配备一张双人床。这种客房较适合夫妇旅行者居住，也适合商务旅行者单人居住。由于双人床间的起居空间相对比较大，酒店常根据需要，撤走起居区的家具再布置一张床，以适合夫妻带小孩出游的客源居住。这样也既体现了动态空间的设计理念，又适用了市场需求，增强了酒店的竞争力，如图5-2所示。

图5-2 某酒店客房睡眠区
睡眠区呈对称式布置

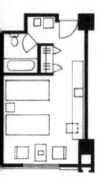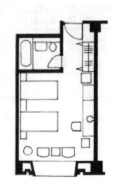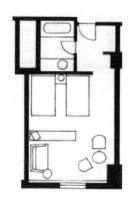

图 5-3　某酒店双床间平面布局

图 5-4　某酒店大床间平面布局

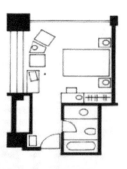

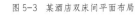

图 5-5　某酒店大床间
　　　整个客房装修较为简洁，但各部分都是精致的。床头和休息区的墙面都有装饰画，又可以提升整个空间的品位

图 5-6　某酒店单人间平面布局

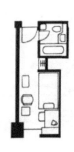

图 5-7 某酒店双床间

图 5-8 蒙特贝罗费尔蒙酒店多人间

（3）双床间

双床间也称为酒店的"标准间"，客房内大多配备两张单人床，也有配置两张双人床的，以显示较高的客房规格和独特的经营方式。这类客房较受团体、会议客人的欢迎。

（4）三床间

三床间配备三张单人床，客房睡眠空间环境舒适。房间内配免费宽带上网接口，数字电视、小茶几和休闲椅等一些配套设施又适合商务与休闲。这类客房较适合商务客人使用，一般在商务型经济酒店里多配置这样的房间。

（5）多床间

多床间配备几张至十几张单人床不等，一般在青年旅舍型经济酒店里多配置这样的房间。在青年旅舍中，由于客源以青年旅行者为主，旅舍常根据青年团体客源的需要，配置多床间以适合结伴或组团出游的青年客源居住。

图 5-9 某酒店客房设计
从入口走廊区到卫生间、家具的摆放属于典型的客房平面布局

图 5-10 某酒店客房睡眠区设计
利用床头的装饰和织物的花色来营造空间氛围

5.3 客房设计

5.3.1 标准客房设计

客房主要具有就寝、休息、洗浴等功能，同时也可提供工作、娱乐等附带的功能，这些功能决定了房间内的布置。标准的客房要清晰地划分出各种功能区：浴室与更衣室要设在门厅旁，床在客房中心，工作区与座椅要在窗旁。新式的客房布局则不受限制，有的将几个功能区综合在一起，有的则将它们完全分开。比如，有些标准客房设计中融入了套房的特点，用屏风等将座位区与睡觉区隔离开。

虽然酒店的类型、标准、档次各有不同，但是客房中的各项功能是基本一致的。一间标准客房的空间构成主要有：入口门廊区、卫生间、工作区、就寝区、起居区、阳台及露台等。

（1）入口门廊区

客房从房门处开始，常规的门廊区相对狭小，门框及门边墙的阳角容易损坏，设计上要注意考虑。房门的设计要与客房内的家具、色彩相符，门扇的宽度以 880 ~ 900mm 为宜。走廊的地面与墙面要考虑维护和寿命。如果是地毯就尽量选用耐脏的；在使用较为频繁的走廊区踢脚要适当做高些，以免行李车撞到墙纸。如果客房空间较为狭小，可在门后的一侧可以放置入墙

关注：

客房的设计多种多样，不要拘泥于某种特定的设计风格和平面布局，要在满足功能合理的前提下对空间进行更好的分隔才能创造更加精彩的客房设计。

图 5-11　客房中的书写空间
　　在客房的角落采光较好，形成一个相对独立的书写空间

收纳柜，可方便存放行李等。在此区域也可以放置整容、整装台等周到、体贴的设计。

（2）就寝区

一般酒店的客房内就寝区是最大的功能区，也是客房最基本的功能。其中最主要的家具是床。床的大小及数量直接影响其他功能空间的大小和构成。就寝区的光环境直接影响客房的气氛。床头灯的选择对就寝区的光环境塑造至关重要，灯具的选择以台灯或壁灯为宜。台灯的造型灵活，可移动性强，造型可以根据室内的整体风格来选择可作为点缀性装饰物。壁灯光线柔和且亮度可以调节。为了方便，床头可设置床头柜。

（3）工作区

以写字台为中心，家具设计成为这个区域的灵魂，强大而完善的商务功能于此处体现出来。宽带、传真、电话以及各种插口要一一安排整齐，杂乱的电线也要收纳干净。写字台位置的安排也应依空间仔细考虑，良好的采光与视线是很重要的。

（4）起居区

一般的客房起居空间都位于窗前区域，由沙发、茶几等组成，供客人休息、眺望、会客等。现在客房的设计中会客功能正在弱化，起居空间增加了阅读、欣赏音乐等功能，客房向着更舒适、令人心情愉快的方向发展，这也使得酒店客房更具特色。

图 5-12　某酒店客房起居区设计
　　睡眠区域与起居区域分开，设计风格上给人舒适温暖的感觉，墙面与家具色调一致，整体风格搭配

图 5-13　某酒店套房

图 5-14　书写区
　　位于窗前，采光好，且与墙角可形成独立空间

图 5-15　床头柜

图 5-16　台灯可以起到照明与装饰效果

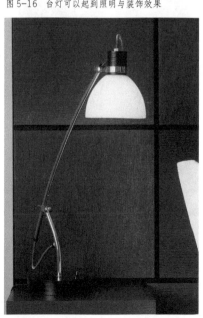

图 5-17　某酒店公共卫生间
　　采用暖黄的色调和木质洗手台，搭配藤筐，使空间低调复古

图 5-18　某酒店客房卫生间洗漱区域设计
　　圆形的镜子与洗手盆使整个空间显得更加活泼

图 5-19　某酒店客房卫生间如厕区域设计
　　座便使用木质马桶盖，墙壁上采用植物装饰，旁边手纸架也是用木质，注重细节的部分

（5）卫生间

卫生间是客房的重要组成部分，是一个独立的空间。卫生间可以分为几个区域：面盆区、座便区、洗浴区。通常干湿区域分离，盥洗与座便区域要分开，避免功能交叉，相互干扰而且卫生间高湿高温，需要配备良好的排风设备。

① 面盆区。在面盆区域，台面与妆镜是卫生间造型设计的重点。面盆尺寸通常为 550mm×400mm，离地高度大约 760mm，且要注意面盆区域的照明设计。

② 座便区。座便区域要求通风、照明良好。座便器一般宽 360～400mm、长 720～760mm，前方至少留有 450～600mm 的空间，左右至少留有 300～350mm 的活动空间。

③ 洗浴区。洗浴区要选择防滑、易清洁的材料。使用浴缸还是淋浴由酒店的级别、客房的档次来定。淋浴节省空间、投入较少。浴缸则舒适、华丽、可提升空间档次。

（6）阳台及露台区

阳台和露台在度假型酒店和公寓式酒店中经常出现，作为起居空间的延伸，为客房提供清新的空气和优美开阔的视野，使客房更接近自然，也可以增加酒店建筑的造型感，还可以起到遮阳的作用。

图 5-20　某酒店客房洗浴区域设计
　　利用玻璃将睡眠与卫生间分开，使整个空间通透，避免产生黑暗、封闭的负面区域

图 5-21　某酒店客房阳台空间利用
　　客房室内空间向外延伸至阳台部分，使客人可以更好地亲近大自然

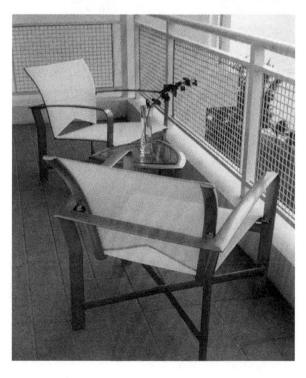

图 5-22　某酒店客房阳台空间氛围营造
　　阳台的铁质桌椅十分具有现代感

图 5-23　某酒店套房
　　该套房面积较大，风格统一，起居区域与睡眠区域分开，功能设施完备

5.3.2 套房设计

　　套房是指由两间或两间以上客房构成的客房单元。在 20 世纪 70 年代末期，一些酒店经营者发现一些小型套房吸引了商务人士和家庭，他们喜欢分开的起居室、卧室、厨房等。所以一些酒店尝试将公寓式建筑改造成套房。

　　套房的数量和所占比例因酒店的规模和类型而定。大多数酒店有 2%~5% 的套房配置，高级酒店和会议酒店的套房数量则可以达到 10%。套房大多位于景色优美的顶层位置，有些也会被放置在建筑结构提供的异型房或者用来填补在特殊边层的某个建筑空间。

　　套房的种类很多，有普通套房、连接套房、家庭套房、商务套房、总统套房和无障碍套房等。

　　（1）普通套房

　　普通套房一般为两套间。一间为卧室，配有一张大床，并与卫生间相连。另一间为起居室，设有盥洗室，内有座便器与洗面盆。

　　（2）连接套房

　　连接套房也称组合套间，是一种根据经营需要专门设计的房间形式，为两间相连的客房，用隔声性能好、均安装门锁的两扇门连接，并都配有卫生间。不同需要时，既可以作为两间独立的单间客房出租，也可连通作为套间出租，灵活性较大。

（3）家庭套房

家庭套房是酒店为家庭旅游者提供的客房类型。

（4）商务套房

商务套房是专为从事商务活动的客人而设计布置的。面积大约为 50 ㎡，一间为起居与办公室，另一间为卧室，功能分区合理，适合商务洽谈、办公等。

（5）总统套房

总统套房一般是位于酒店的顶层，具有最佳的景观位置、隐蔽性也较强。面积大约为 500 ㎡，其功能区可分为接见厅、会客厅、多功能厅、总统卧室、夫人卧室、书房、卧房、厨房和卫生间等，布局合理、安全、高效，装修豪华宽敞、温馨舒适、富有情调。总统套房有独立的专用进出通道，与其他楼层的客人分开。

（6）特殊客房

在酒店的发展过程中，酒店管理者越来越重视客人的需求，市场上有多少客房类型的需求，酒店就有多少类型的特殊客房，这是顺应市场发展的必然规律。比如说，专门为残疾人士准备的无障碍客房，还有为满足不同顾客不同喜好的，具有特色的客房。

无障碍客房是专门为残疾旅客提供便利的特殊客房类型。无障碍客房应设有无障碍或协助行动的设施，客房门的宽度不宜小于 0.9 m，使出残疾人出入无障碍；房内各电器按钮或插座不得高于 1.2 m；残疾人客房位置的选择不宜离电梯出口太远。卫生间门的要求和客房一样，出入应无障碍；座便器和浴缸两侧装有扶手，且扶手能承受 100 kg 左右的拉力或压力，在客房及卫生间应设求助呼叫按钮。

图 5-24　某酒店套房
　　该套房的起居空间与睡眠空间隔开，但风格是保持一致的

图 5-25 欧式套房起居空间设计
　　套房面积较大，风格统一，起居区
域与睡眠区域分开，功能设施完备

图 5-26 套房空间设计
　　各功能区相互连通但又各自独立

图 5-27 套房起居空间设计
　　床与会议区域完全分开，墙面为浅
色使得深色家具更显稳重

5.4 设计案例分析

　　酒店客房卫浴部分是体现酒店整体硬件设施标准的最为重要之处，传统的酒店一般由于照顾结构设计和给排水设计的方便，很多客房的卫浴部分都被安排在靠近走道一侧的位置，这样的布局决定了卫浴部分一般不能自然通风采光，这种封闭式的卫生间成了房中之房，成为客房之中的"黑洞"，使卫浴部分成了消极空间。所以在现代酒店客房卫浴部分的设计除了要有完备的功能和方便、卫生、安全等最基本的要求外，还必须考虑住客对卫浴部分的精神需求，通过对卫浴部分布局的创新、空间的变化、视觉的丰富等因素来满足住客的需要。卫浴部分是最能给住客提供新奇体验的场所。卫浴部分和客房其他部分的分隔多用玻璃，或帘幕分隔，甚至没有分隔，如把浴缸和床结合起来，这样可以让客房内空间更加流畅，各部分关系更加紧密，增加空间趣味性。人的生理特点总是喜欢亲近自然，人工的通风和采光是非人性化的，自然的采光和通风使人感觉亲切。有些风景名胜地的度假精品酒店甚至直接把浴室设置在露天环境里，当然这需要一定的条件。卫浴部分的空间和客房其他部分分隔模糊化，开放式的卫生间越来越受到住客的欢迎。

关注：

　　酒店设计常常乐意引领室内设计的发展潮流。关注酒店的发展方向对于把握设计的方向有着重要的作用。

图 5-28、图 5-29　客房中卫生间设计
　　这个卫生间简洁大方，采光良好

图 5-30 套房起居区设计
　　床与会议区域完全分开，墙面为浅色使得深色家具更显稳重

图 5-31 酒店客房氛围营造
　　酒店设计的细节之处更能体现酒店的品位

思考延伸：

1. 影响客房设计的因素有哪些?

2. 床的摆放要注意哪些方面?

3. 为什么说研究客房的功能布局是做客房设计的首要任务?

第6章 酒店商务及休闲空间设计

6.1 商务空间设计

　　为了顺应酒店多元化发展的趋势、方便顾客和增加酒店竞争力，许多酒店纷纷在公共区域设置会议室或可以举行会议的多功能厅，以承接一定规模的会议及各种文化娱乐活动。会议空间包括大小会议室、多功能厅、学术报告厅和新闻发布厅等。

图 6-1　宽敞的会议厅

　　会议厅有欧式图案的天花吊顶与复古的水晶吊灯，复古的花色地毯搭配亮红色的座椅使整个空间具有浓郁的欧式风情，豪华、大气

图 6-2 小型会议室

图 6-3 会见厅
　　整体设计高贵大方。墙面以米白色石材为主，结合极富工艺感的艺术浮雕与大型水晶吊灯和手工羊毛地毯相互衬托，格调高贵、熠熠生辉，表达出会见厅宾客接待的庄重、大气

6.1.1 会议室

会议室按规模可以分为：

① 200~500 人用的大会议室，可以用于典礼、招待会和大型团体会议等；

② 30~150 人用的中小型会议室；

③ 10~20 人用的临时会议室；

④ 满足其他专门要求的会议室。

会议室设计要点有以下几个方面。首先，要注意尺寸。座位一般按 0.7 ㎡ / 座设计，小于 30 座的室内净高不低于 2.5m，30 座以上的室内净高应在 3.0m 以上。其次，要有清晰的导向标识系统、独立的交通流线、良好的隔声效果。为了防止噪声，地面可以铺设地毯，墙壁可以使用软包。注意顶面的设计要烘托整体氛围。整体色调宜淡雅，采用无强烈对比色彩的装饰。

6.1.2 多功能厅

多功能厅可适用于各种庆典礼仪活动，比如举行各种宴会、展览会等。

多功能厅设计要求是：首先，桌椅必须轻便、易变动，利于房间功能的快速转变，舞台也要可以活动，能够升降与拆装，以适应室内空间的不定性要求；其次，需要安装现代化的声像设备，比如幻灯、投影仪、录音录像和调光系统等，以满足不同的使用要求。

图 6-4　欧式风格报告厅

图 6-5　会议厅

图 6-6　宴会厅

图 6-7　报告厅

　　深色提花地毯与深色的椅子，顶面采用方格状吊顶，增加了空间的商务感

图 6-8 会客厅

多功能厅室内空间分隔形式有三种。第一，封闭式分隔。完全分隔，与周围环境没有流通性，但隔声效果好，私密性高。第二，互动性分隔。用绿化、水体、高差、光线、栏杆、半隔断等分隔空间。特点是空间没有完全隔开，有一定的流动性，但抗干扰能力较差。第三，弹性分隔。用帷幕式、拼装式、折叠式、升降式等活动的隔断来分隔空间。特点是灵活性较强。

6.1.3 会客厅

会客、接待空间在室内设计中是需要做细致文章的地方，因为人们在这个空间中渴望有一种温馨和亲切感，以便能无拘无束地倾心交谈。在空间上利用柱子、高差变化等手段使它和大厅、门厅、过厅相隔。在装饰设计上，利用这些空间要素做出细腻的质感表现、明确的色彩配置和尺度适宜的家具设计。尽管这些空间会有各种主题表现，但亲切宜人是它独特的空间特色。

6.2 休闲空间设计

休闲空间是酒店设计中十分重要的环节，可以为酒店增添不少活力，是吸引顾客入住的重要手段。因此，设计师要充分考虑顾客心理，营造高雅、舒适、幽静的酒店环境。

关注：
　　健康问题在近些年普遍受到人们的关注，所以在酒店中便引入了大量与健康、运动等主体有关的服务项目，以吸引人们的注意。设置哪些运动项目要根据空间大小和主要消费群体层次来确定。

6.2.1 游泳池

通常较为高级的酒店都会设置游泳池，分为室内和室外两种。室内游泳池温度可以调节，不受季节和天气的影响，灵活性大，但是造价较高。室外泳池较常见于热带和亚热带酒店，可以与周围景观相结合，外形设计较为灵活，配有日光浴平台。

游泳池设计要求有以下几个方面。

一般游泳池尺寸为 50m×25m，最小尺寸为 8m×15m。水深 1.2~1.5m。分深水区与浅水区及儿童戏水区。深水区水深约为 1.8m，儿童戏水区水深则不超过 1m。

游泳池整体设计应该美观大方、视野开阔、采光良好和设备设施完全。泳池周边设防溢排水槽，池底铺设瓷砖，安装照明设备。池边设躺椅、阳伞等休息设施。

泳池设有专用出入口，一般在入口处会设置男女淋浴间和卫生间等配套设施，线路设计需遵循淋浴、游泳、淋浴、更衣的顺序。此外，入口处设消毒池。

图 6-9、图 6-10　室外泳池

图 6-11　室外泳池夜景

图6-12 台球厅

6.2.2 球场

球场的种类很的丰富,可以根据酒店具体条件来灵活选择。

（1）网球场

网球场的格局是在场地正中间设固定的网,将球场分为两个相同面积的半场,所以场地多为长方形,可分为单打和双打。

设计要求:网球场通常采用每两个场地一组的成组设置;周围需设高度大于3m的网,场地上空无障碍高度为12m以上;单打场地尺寸为24m×8m,双打场地尺寸为24m×20m,柱网高度为1m,端线以外至少6.5m的空地,边线以外至少3.5m的空地。

材料要求:网球场的地面材料可以是土地、草地和硬地;硬地是在水泥或混凝土上铺设塑胶面层,这种地面材料不受雨水影响,容易维护保养,使用较为普遍。

此外,网球场地还要求平整,照明充足,光线柔和。

（2）羽毛球场

羽毛球场一般是长方形,中间设球网把场地的面积分为两部分,双打场地内画单打线,室内外都可以进行,对场地要求不高。

设计要求:在设计时一般只需注意尺寸即可;单打场地尺寸14m×5m,双打场地尺寸14m×6m;球网长6m,高1.6m。

（3）台球室

台球在商务酒店内使用较多的娱乐活动,集体力与智力于一身,刚柔相济。

设计要求:台球室设计要美观大方、舒适优雅,设备设施齐全,自然采光和通风良好,室内照明充足,光线柔和;球桌要坚固平整、摆放合理,两桌间距为2.5~3m较为适宜;地面做防滑处理,需设休息空间。

（4）乒乓球室

乒乓球运动一般设于室内，球台中间设低网，分单打和双打。

设计要求：乒乓球室设计要求较为简单，需注意摆放间距和尺寸；球台尺寸为 2.8m×1.5m，球网高 15cm，长 1.8m。

（5）保龄球中心

保龄球是一项集娱乐、健身于一体的室内活动。球道有 4~8 股，为木质。

设计要求：球道长 19.5m，宽 1m，助跑道长 4m，宽 1.5m；追求简洁、纯净的现代空间风格，不采用多余装饰和色彩，避免给视线带来干扰；很少采用自然采光通风，球道两侧不开窗；照明上采用半透明或简洁照明的方式，避免产生炫光；除保龄球道专用设备区外，其他空间均铺设地毯，防止产生噪声。

6.2.3　健身房

健身房的设计风格和布局应视酒店规模来定，空间大小的设定需要考虑运动项目和健身器材所需的场地和空间高度，一般健身房面积为 50~100 ㎡，高度不低于 2.9m，有不少于 5 种的运动器材。健身区域的外围可以使用玻璃，方便外面的客人观赏到内部的设施，使他们充分感到健身房的活力。健身房内部也可以尽量设置一些玻璃窗，保证视线通透和采光的良好。健身房内需要有更衣室、淋浴室、卫生间和休息区等功能区域。

图 6-13　迪拜帆船酒店网球场

图 6-14　乒乓球室

图 6-15　瑜伽中心

图 6-16　开敞的健身区域

图 6-17 、图 6-18　健身房

6.2.4　SPA

　　SPA 是利用水的物理特性、温度及冲击来达到保养、健身的效果，包括水疗、芳香按摩和沐浴等。

　　洗浴空间是整个 SPA 的主体，包含桑拿、蒸汽、水力按摩、普通淋浴、药浴和花浴等环节。洗浴空间设计需以人为本，充分考虑客人的方便。浴池设置成圆形，可以让客人之间相互交谈，同时造型也比较活泼。根据不同客人的不同需求在一些墙上做一个水族馆，意欲引发人的联想，另外在洗浴的同时也增加了情趣。在某些墙面上安装电视或投影，形成一个"动态"的装饰，既能衬托气氛也能满足功能需要。值得注意的是洗浴空间较为潮湿，所以墙面和地面应选用花岗岩、大理石、瓷砖、不锈钢板、玻璃、塑料等防潮、耐腐蚀的材料。顶面可选用铝合金穿孔板或塑料扣板。还要注意保持良好的通风，防止水汽凝结在天花板上。

　　按摩空间也是 SPA 的重要组成部分。按摩空间的光线不宜强烈，尽量不要受到外界干扰，让顾客可以身心得到放松。

　　此外，还需要设置休息空间，比如休息大厅或包房，以便顾客休息、娱乐、恢复体力或等待按摩等。在休息空间中可设有沙发、酒吧、日光浴、卡拉 OK 等设施。整个休息空间在设计上要做到轻松、优雅，倾向与舒适、自然的感觉。在灯光、色彩、陈设品方面也要注意搭配和组织，并且照明设计不宜过亮，最好采用局部照明的方式。

图 6-19　某酒店的 SPA

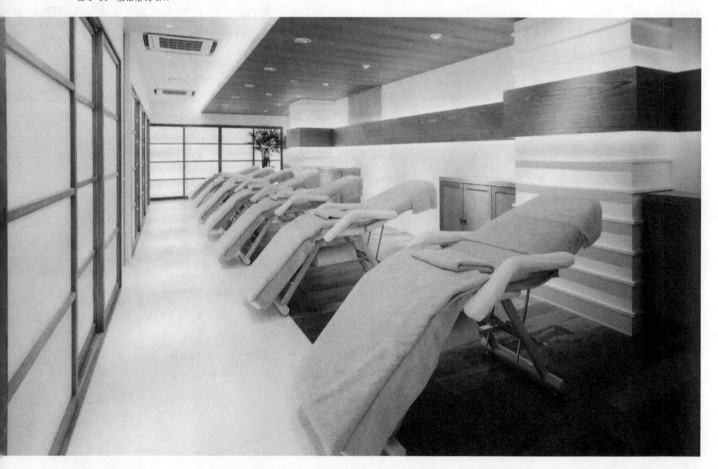

图 6-20、图 6-21　某酒店中的泳池
　　泳池的顶面开窗，不仅能保证光照，而且可以观赏室外景色

图 6-22　某酒店中的 SPA 空间设计

6.3 设计案例分析

　　随着商务休闲的种类越来越多，花样夜层出不穷，为了使酒店可以与时俱进，许多商务休闲种类被引入酒店设计中。目前国内外有许多优秀的设计案例，下面选取几个比较具有特点的案例以供欣赏。

图6-23、图6-24、图6-25　某酒店泳池采用现代的手法，以干净清爽、休闲舒适为基调。以三角为设计元素

图 6-26　某酒店 SPA 特色洗浴空间

图 6-27　某酒店 SPA 的休息区

图 6-28　某酒店中的鱼疗
　　使用蓝色为基础色调，使人感觉身处水中，与脚下的鱼儿嬉戏

图 6-29　酒窖
　　在度假酒店中，尤其是国外的度假酒店中经常会设有酒窖，欣赏美景的同时喝着红酒放松心情

图 6-30 蒙特卡洛费尔蒙酒店赌场

图 6-31 某酒店大堂中的美发空间

图 6-32 某酒店延伸至室外的休闲空间

图 6-33 某酒店室外休闲凉亭

思考延伸：

1. 商务与休闲空间如何同时在酒店中存在？

2. 休闲空间的分类有哪些？

第 7 章 餐饮空间设计

本书所述的餐饮空间既包括酒店内部的餐饮空间，也包括独立的商业性
餐饮空间。

酒店内部的餐饮空间面对的服务对象主要是酒店内部的顾客群体，目前
有些酒店的餐饮部分会全部或部分对外开放，以增加酒店的利润。酒店的餐
饮部分较常见的有大堂酒吧和宴会厅等。独立的商业性餐饮空间种类很多以
就餐和休闲为主，就餐形式多样，为了迎合各类餐饮空间的需要，设计的风
格也有较大区别。

图 7-1　餐饮空间

随着中国社会经济的发展，人们对于生活品质有了更高的要求。顾客在
餐饮方面不再满足于普通的吃，还要追求个性、精致的餐饮装饰风格，享受
舒适愉悦的进餐环境氛围。这些都对现代餐饮设计提出了更高的要求。一个
成功的餐饮空间设计，首先需要围绕主题风格进行创意和艺术处理，其次在
空间的使用功能、装饰手法、色彩造型、装饰陈设和灯饰的配置等方面进行
系统化地雕琢和处理。

餐饮空间的直接营业区包括入口区、接待等候区、就餐区以及提供辅助
服务的衣帽间、化妆间等，间接营业区则包括厨房及管理（仓库、冷藏等）
两大区域。根据营业品种的不同，对厨房及设施的需求有很大的不同。厨房
虽然是属于间接营业区域，但其功能与作业流程对于整个餐饮空间的设计也
有重大的影响，是设计的重点之一。

7.1 餐饮空间的类别

餐饮空间设计基于现代人对餐饮空间的各种需求因此开始分门别类，出现了不同的风格和档次。根据人们对餐饮空间的各种需求可以分为以下几个类别。

7.1.1 中餐厅

由于国家和民族文化背景的不同，中国和西方国家的餐饮方式及习惯有很大的差异性。总的来说，中国人比较重群体、重人情，常用圆桌团体吃饭，讲究热闹和气氛。中餐厅在室内空间设计中通常运用传统形式的符号进行装饰与塑造。例如运用藻井、宫灯、斗拱、挂落、书画和传统纹样等装饰语言组织饰面；又如运用我国传统园林艺术的空间划分形式，小桥流水和内外沟通等手法组织空间，以营造中国传统餐饮文化的氛围。

7.1.2 西餐厅

西餐分法式、俄式、美式、英式和意式等，除了烹饪方法有所不同外，还有服务方式的区别。法式菜是西餐中出类拔萃的菜式，法式服务中特别追求高雅的形式，如服务生、厨师的穿戴、服务动作等。此外特别注重客前表演性的服务，法式菜肴制作中有一部分菜需要在客人面前做最后的烹调，其动作优雅、规范，给人以视觉上的享受，达到用视觉促进食欲的目的。因操作表演需占用一定空间，所以法式餐厅中餐桌间距较大，便于服务生服务，同时也提高了就餐的档次。豪华的西餐厅多采用法式设计风格，其特点是装潢华丽，注意餐具、灯光、陈设、音响等的配合，餐厅中注重宁静，突出高雅情调。

图 7-2 中式餐厅
　　运用了很多中式的元素，例如雕花木门，中式灯具造型等

图 7-3 西式咖啡厅

图 7-4　宴会厅

图 7-5、图 7-6　某餐饮空间
　　整体色调是经典多的黑白灰，以灰色为主，墙壁、地板均为灰色，几株纯白的灰色点缀其间，非常抢眼。高大的酒架上面摆满了优质的葡萄酒，静静地炫耀着餐厅的大气

7.1.3 自助餐厅

自助餐是一种由客人自行挑选、拿取或自烹自食的一种就餐形式。它的特点是客人可以自我服务，菜肴不用服务员传递和分配。自助餐厅一般是在餐厅中间或一侧设置一个大餐台，周围有若干餐桌。大餐台台面由木材或大理石制成。桌椅的设置上一般以普通坐席为主，根据需要也可考虑柜台式席位。自助餐厅设计时应注意平面功能布局的合理性。应布置有专门存放盘碟等餐具的自助服务台区、熟食陈列区、半成品食物陈列区以及甜点、水果和饮料陈列区，方便客人根据需要分类拿取。内部空间设计应开敞、明亮，多采用开敞和半开敞的分布格局进行就餐区域布置，餐厅通道比一般餐厅宽，便于顾客来回取食物方便，不发生碰撞，从而提高就餐速度。

7.1.4 咖啡厅

咖啡厅主要是为客人提供咖啡、茶水、饮料的休闲和交际场所，其空间处理应尽量使人感到亲切、放松。它讲究轻松的气氛、洁净的环境，适合少数人会友、晤谈等。咖啡厅的平面布局比较简明，内部空间以通透为主，一般都设置成一个较大的空间，厅内有很好的交通流线，座位布置比较灵活，有的以各种高矮的轻质隔断对空间进行二次划分，对地面和顶棚加以高差变化。咖啡厅源于西方饮食文化，因此，在空间设计风格上多采用欧式风格。

图 7-8　自助餐厅
　　桌面采用曲线形，顶面的曲线灯具照明与餐桌走向一致

图 7-9　入口处设置收银台

图 7-10　富有地方特色的餐厅和就餐区域
　　前台和就餐区域采用相同的设计元素来表达

7.1.5 快餐店

由于目前生活节奏加快，许多人不愿意在平时饮食方面花太多的时间，而快餐店恰可满足这部分人的需要。快餐店反映一个快字，用餐者不会多停留，更不会对周围景致用心观看细细品味，所以室内设计的手段，也以粗线条，快节奏，明快色彩，做简洁的色块装饰为最佳，使用餐的环境更加符合时尚。室内要明快、简洁，要通过单纯的色彩对比，几何形体的空间塑造，整体环境层次的丰富等，而取得快餐环境所应得到的理想效果。

图 7-11、图 7-12、图 7-13　某酒店餐饮空间，整体采用原木色为主色调

图7-14　餐饮空间中的玻璃隔断
　　隔断强调私密性又避免产生局促感，荷花、祥云等中国传统样式采用低彩度沉稳色系，营造舒适、宁静的用餐氛围

7.1.6　烧烤、火锅店

　　烧烤和火锅都是近年来逐渐风行全国的餐饮形式。火锅和烧烤的共同特点是在餐桌中间设置炉灶，涮是在灶上放汤锅，烤则是在灶上放铁板或铁网，二者的共同之处是大家可以围桌自炊自食。火锅、烧烤店用的餐桌多为4人桌或6人桌，由于中间放炉灶，这样的用餐半径比较合理。如2人桌需用的设备完全相同，其使用效率就会降低。因受排烟管道等限制，桌子多数是固定的，不能移来移去进行拼接，所以设计时必须考虑好桌子的分布和大桌、小桌的设置比例。火锅及烧烤用的餐桌桌面材料要耐热、耐燃，还要易于清扫。另外，烧烤火锅店在设计上需要特别注意的是排烟问题，应安装有排烟管道，每张桌子上空都应有吸风罩，保证烧烤时的油烟焦糊味不散播开来。

7.1.7　酒吧

　　酒吧是夜生活的场所，大多数消费者是为了追求一种自由惬意的时尚消费形式，给忙碌的一天画上精彩的休止符。如今"泡吧"成为年轻人业余时间一项重要的消遣和社交活动，各色酒吧比比皆是，成了城市生活的平常去处，已不再有太多的神秘色彩。酒吧的装饰风格可体现很强的主题性和个性，或古怪离奇的原始热带风情装饰手法，或体现某历史阶段的故事、环境的怀旧情调装饰手法，或以某一主题为目的，综合运用壁画、陈设及各种道具等手段带有主题性色彩的装饰。

图7-15　餐饮空间中的隔断
　　垂下的玻璃球强调了空间的纵深感。深色的地面既方便清理又凸显空间的大气

图 7-16 纽约瑞吉斯酒店吧台

图 7-17 某酒吧的柜台

上面摆放的各种各样的酒本身就成为一种装饰。台面采用黑色显得低调奢华。灯光较暗，采用局部照明的方式营造神秘华丽的氛围

图 7-18 红色的吧椅活跃了空间的气氛

7.2 餐饮空间设计

7.2.1 餐饮空间的设计要点

（1）满足餐饮空间的基本功能

餐饮空间设计首先要考虑其就餐、食品制作等基本的使用功能，以及厨房区域、就餐区域、等待区域等基本的功能布局安排。这样才能以较为合理的安排来实现餐饮空间的服务性特征。

（2）以地方文化特色为设计要点

以突出体现地方特征为宗旨。利用各地区特有的风土人情、自然风光、建筑特色为设计的要点，通过一系列特色鲜明、散发浓郁地方艺术特点的素材来装饰烘托餐饮空间的环境气氛。

比如，把中国传统风格与现代装饰风格融合、升华，去打造一种新的饮食文化空间。常见用法有：传统木花格与现代的钢化玻璃造型结合；仿古砖与金属肌理喷涂壁饰、青砖墙与玻璃。

（3）科技手段为设计要点

现在一些餐饮空间为了追求餐厅环境和用餐过程的新奇感，运用了一些高技派的设计手法。例如在材料上采用金属质感很浓的铝材、槽钢的螺丝、拉丝不锈钢、大面积钢化玻璃隔断，或者用原始的结构不加任何修饰，只用涂料喷涂，在色调上形成强烈对比。这些处理手法都会让顾客在用餐环境中感受到现代都市的韵律和节奏。

7.2.2 餐饮空间设计要求

（1）正确的目标定位

在处理餐厅顾客和设计者之间的关系中应以顾客为先，而不是设计者理想化的自我实现。如餐厅的功能、性质、范围、档次、目标、原建筑环境、资金条件以及其他相关因素等，都是设计师必须要考虑的问题。

（2）合理的功能区规划

对整体与局部、内与外之间的空间关系做出合理的调整，使方案趋近完美。餐饮功能分区包括：门面和顾客进出的功能区、接待区和候餐功能区、用餐功能区、配套功能区、服务功能区和制作功能区等。如制作功能区包括消毒间、清洗间、备餐间、活鲜区、冰冻库房区、点心房、库房、粗加工区、精加工区和炉灶区等。

①门面和出入口区。作为餐厅的脸面，有较强烈视觉冲击力的外观形象，更容易给人留下深刻的印象，能直接刺激顾客的消费欲望，吸引顾客进店。门面外观是餐厅销售的重要前奏曲。在现在竞争激烈的市场环境下，构思设计与众不同的门面是餐厅得以取胜的关键。门面包括外立面和招牌广告等。出入口通道是整个餐厅的主要交通要道，直接通往接待区和各就餐区域，应该宽阔、明亮、流畅。

②接待区和候餐区。这里主要是迎接顾客到来和供客人等候、休息、候餐的区域。高级餐厅的接待区单独设置或设在包间内，有电视、阅读、康体、茶水和观赏小景等。

图7-19　用吊顶来分隔通道空间

③用餐功能区。用餐功能区是餐饮空间的主要重点功能区，是餐饮空间的经营主体区，包括餐厅的室内空间的尺度、功能的分布规划、来往人流的交叉安排、家具的布置使用和环境气氛的舒适等，是设计的重点。

④配套功能区。配套功能一般是指餐厅营业服务性的配套设施。如卫生间、衣帽间、视听室、影视厅、书房、娱乐室、桌球室、棋牌室、表演舞台和游泳池等辅助功能配套设施。还有餐厅的空调系统、消防系统、环保系统、燃料供应系统、油烟排放系统、电脑网络系统、音响系统、监控系统、照明系统等设备也是构成配套设施的要素。

⑤服务功能区。备餐间一般设有工作台、餐具柜、冰箱、消毒碗柜、毛巾柜和热水器等，是存放备用的酒水、饮料、台布、餐具等菜品的空间，是菜品从制作区到营业区的过渡区域。收银台通常是结账、收款之用，设有电

图 7-20　某餐厅厨房区

图 7-21　某餐厅散厅

分区采用"三三"原则，具体分三大区，每区三个单元，每单元三桌，将开放区与专属区有机的结合起来，开敞的空间拉近了都市人的距离，而私人的专属空间又不失舒适感，别有一番滋味

图 7-22　某餐厅平面图

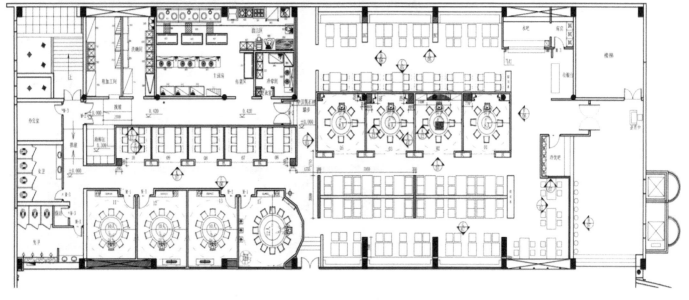

脑及账单打印、收银机、电话及对讲系统等。营业台是接待顾客、安排菜式的地方。设有订座电话、电脑订餐和订餐记录簿等。酒吧间供应顾客饮料、茶水、水果、烟、酒等。一般有操作台、冰柜、陈列柜、酒架和杯架等。

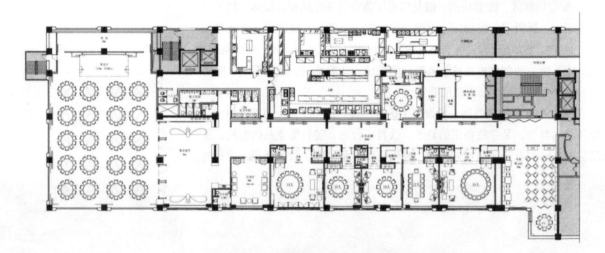

图7-23　某餐厅平面图

图7-24　某餐厅景观走廊
景观走廊可以在不同节日、不同需求来营造各色的氛围,贯穿其中的主题使之成为一条景观走廊

图7-25　某餐饮空间
此餐饮空间的主角是藤制品,各种造型的藤制灯具在空间中诉说着宁静质朴的情怀,红色的纱墙温暖着整个空间,虚隔断上的线绳是空间的延伸,整个空间材质的选择是质朴的,设计造型手法是现代的

图 7-26 某酒店内的餐饮空间
选取了具有较美的外部环境的位置，客人可以再享受美味的同时观赏美景

7.2.3 餐饮空间的色彩与造型要求

在餐饮空间视觉传达设计中，色彩和造型的好坏能够让人们的心理产生呼应，左右顾客的就餐心情。色彩和造型在光线的配合下，更能唤起人相应的感情取向，烘托就餐的气氛。

空间的色彩之美在于和谐，而和谐来自对比和调和，在餐饮空间设计中应予以注意。首先要确定餐饮空间总体的色彩基调，然后针对餐饮空间的不同区域功能来设定搭配的局部色调。空间色彩的差异是色彩对比的前提，差异大小决定了对比的强弱程度，其中最主要的因素是色相、明度、纯度以及冷暖、面积的对比。例如在门面招牌、接待区、厕所、电梯间和其他一些逗留时间短暂的地方，使用高明度色彩可获光彩夺目、干净卫生的清新感觉；在高端的餐厅包间则使用中低明度的红黄色调，能给人华丽和高雅的气氛。

图 7-27 采用几何构成元素的餐厅

不同的空间造型给人以不同的心理感受。方形的几何形空间造型给人庄严，稳重和厚重的心理感受；圆形和弧形的空间给人愉快、柔软、亲切，流畅的心理感受；封闭式的小空间环境给人以宁静、稳定的心理感受；开放式的大空间环境给人以宽阔、舒适的感受，如大厅、散座区等。封闭空间可以如包房一样进行空间分隔，有很强的安全感与私密性，也可以用半封闭、绿化、通透的隔断、屏风、灯饰等来配合划分相对独立的空间，以共享周围的环境。

53

图 7-28　某餐饮空间
　　以白色为主色调，配合金色勾边和水晶
吊灯使整个空间显得华丽

7.3　酒店餐饮空间设计

7.3.1　酒店餐饮空间概述

　　酒店里的餐厅和休息处会给旅行增加回忆。总的来说，餐厅与酒吧都设在大厅。各类特色餐厅、咖啡屋、酒吧、西饼屋、娱乐健身休息处又形成了公共空间内的一个特殊整体，但是彼此又不尽相同。每个部门应根据客人的需求和市场情形设计出各自独特的风格。

　　酒店的食品服务出现过不同情形。在 20 世纪早期，大部分美国酒店的餐厅提供的食物质量较低，也不吸引人，这主要是因为客人们很少在酒店的餐厅里吃午餐或晚餐。在 70 年代，酒店业竞争激烈，一些经营者认为提高餐厅的管理会扩大酒店的市场。于是他们提供高质量的食物与饮品，这增加了客房及会议室对食品的需求，还吸引了不少用餐时间较短的顾客，为酒店带来了不小的收益。到了 90 年代，由于酒店业自身发展的周期性，不少酒店不得不裁员经营，这也迫使设计师们与经营者们寻求新的应对方案。有的酒店因此不再经营餐厅，而选择当地的或国际品牌的酒店进入酒店经营餐厅。这种形式在 20 世纪 90 年代很普及，而且还会继续发展下去。但是，它也会带来不利之处。如酒店的经营者不能直接管理餐厅，无法监督其质量，酒店里还有非酒店员工，对后勤区域，像客房服务、储藏间的管理更为复杂。当然采用这种经营方式不乏成功者。越来越多的人们不再遵守传统的用餐时间，所以旅客更喜欢餐厅能设自助餐厅，这样他们可以自己控制饮食时间。酒店在作市场分析时要考虑到这一点。同时各酒店开始努力使餐厅能够得到最大限度的利用，吸引更多的客人来就餐，不仅是酒店的客人，也包括当地的居民。

7.3.2 酒店餐饮空间设计方法

　　酒店的餐厅是一个引人注目的部门，因此在酒店的早期开发阶段，设计师与管理者应制订具体的经营方案。但是，在中、小规模的酒店，餐厅直到酒店开业前几个月才确定菜谱，结果是酒店的建筑已完工，想要做出任何改动都是不可能了。有经验的酒店餐饮部设置有两种方式：有些酒店很早就确定食品及服务的类型、营业时间、餐厅的风格与气氛，包括餐厅的名字与标志。然后建筑师与室内设计师再根据这个风格具体装修。在考虑酒店餐厅规划、设计之前，设计师应非常熟悉餐饮部的市场营销、制订菜单、食品准备工艺。这使他们能够同制订餐厅标准的经理们更好地交流。另一个方式就是先确定所需空间的大小，在建筑师完成整座酒店的结构后，再根据实际位置以及允许的空间具体设计。比如提供三餐的餐厅，如果位于主厅是可以设计成一种风格；如果是对着游泳池或者后花园，可以采用另一种风格。

　　在许多大型酒店中都设有大宴会厅，以为婚礼、大型活动使用。大宴会厅空间的设计目的就是能产生一个隆重的气氛。首先天花上一个大型的水晶吊灯给人一种富丽堂皇的感觉。天花配合吊灯做一圆形多层叠级，其余部分做相映的多层叠级方形吊顶使得整个大厅的光源充足，增加了光感。为了增加剧场效果，可在舞台一侧做一些放大的欧式线条来收边，如此可以有效配合集体活动需要。比较空的墙面点缀一些射灯照射并放置各式屏风墙，更能活跃大厅气氛，也使得整个大厅富于变化。

图 7-29　餐饮空间可以向室外过渡和延伸

图 7-30　某酒店餐饮空间
　　餐饮空间不仅仅只是用来做为就餐，还可以用作其他用途，比如婚礼现场

7.4 主题餐厅设计

随着人们的生活和消费习惯在不断变化，中国餐饮行业发生了巨大的转变，消费者对餐饮要求的不仅仅是物质上的享受，越来越多要求要有文化方面的体验。特别是都市白领、商务人群、年轻时尚的消费群体，他们有自己生活的价值与理念，对餐饮的文化体验就更为重视，加之市场竞争的加剧，促使餐饮行业不断的改进和提升。就是在这样的背景下，主题餐厅应运而生。

国外的主题餐厅大约兴起于二十世纪五六十年代，在中国大陆兴起是在90年代后期。主题餐厅在国内发展迅速，从一开始的美国热带雨林主题餐厅和硬石餐厅进入国内市场以来，仅用了短短的时间内，本土化的主题餐厅就如雨后春笋般涌现出来；另一个特点是主题种类繁多，主题涉及美术、音乐、舞蹈、宗教、电影、体育、民俗和游戏等各种文化领域。由此可见，主题餐厅在餐饮行业中有着巨大的发展潜力。

图 7-31 某酒店餐饮空间
　　地面运用黑白相间的陶瓷锦砖铺设，与上部空间纯色所包裹的空间形成对比，时尚气派的镂空拱顶彰显时尚现代的空间特质

图 7-32、图 7-33、图 7-34　某品牌的主题餐饮空间设计

主题餐厅体现服装主题，悬挂的人物模特装饰物既可以展示该品牌的历史和服装特色还可以突出和强化主题，使空间高端时尚。长条形的桌子，会让人感觉身处服装工作室中

7.4.1　主题餐厅概述

主题餐厅是通过一个或多个主题为吸引标志的饮食场所，在人们身临其中的时候，经过观察和联想，进入期望的主题情境，譬如"亲临"世界的另一端、重温某段历史、了解一种陌生的文化等。主题餐厅，是主题文化和餐饮空间联姻下产生的。"主题"这个概念很早就被引入建筑设计及室内设计中。主题的变化可以营造出各种细节丰富、值得回味或充满幻想的环境。社会风貌、风土人情、自然历史、文化传统和宗教艺术等许多方面的题材都是主题构思的源泉。借助特色的建筑设计和内部装饰来强化主题是餐饮空间表达主题文化的重要途径。因为客人就是通过对餐厅的环境装饰来认识餐厅所倡导的主题文化，而进入主题餐厅所得到的特别享受，更多的来自于餐厅的环境。因此挖掘主题文化的底蕴，要做好主题餐厅的环境设计。

7.4.2　主题餐厅的设计

餐饮空间作为一种特定的环境空间，它除了满足人们纯功能需求外，更需要传达某种主题信息来满足人们精神文化生活的需求。带有主题的设计有助于把感觉上升到完美的精神境界，其表达的设计观念在整个人们文化心智系统中占据着核心地位，以至它能够主控和指导室内设计风格的形成。主题餐厅既是餐饮场所又是展示空间，通过主题的展示，从人的感觉入手，让顾客沉浸在主题氛围中。

餐饮空间的主题设计是整个设计的灵魂，空间设计的第一要素是主题，它直接影响设计定位和设计内容的表现，它是一个文化的诉求，空间艺术的主题性不仅创造了精神财富，还能引导和转变人们的审美观念，提升设计文化品位，让人们在充满丰富消费情趣的过程中得到一种精神愉悦与升华。主题餐厅的环境设计应注重文化性和体验性。

（1）营造主题文化氛围

文化因地域和民族性的差异形成吸引力，造就独特的美感。主题要有文化品位，文化在企业中最具核心竞争力。主题餐厅的文化性需通过空间组合、界面、材质、光效、音响、家具、色彩、形态、陈设和店面视觉识别系统等要素来共同营造，体现差异性。

（2）提取反映主题的元素

文化是一种社会现象，是人们长期创造形成的产物。同时又是一种历史现象，是社会历史的积淀物。主题文化是一个抽象的概念，而空间设计和环

图 7-35　剧场风格主题的餐饮空间

图 7-36 中式元素构建的主题餐厅

境布置是具象的，最终的表现是在实体上。为了在建筑界面上表现主题，就必须从抽象的主题文化中提取表现元素。而主题通常是一个脉络，是一个系统，要经过疏理和整合，使其具有很强的逻辑性和很大的覆盖性，才能更容易被人所接纳。主题更侧重于意念上的整合和拓展，兼容并蓄，在多种元素集合之下，上升到理性的东西。

（3）元素在界面中的表达

在建筑界面上表达主题元素，可以有两种表现方式：一种是具象的，在空间上造景；另一种是把元素提取成抽象的符号。设计主题餐厅可以结合展示空间的设计手法，顾客是观众，摆在桌上的每道菜是展品。在满足餐厅基本功能的前提下，通过设计语言来使顾客在用餐过程中实现体验的目的。把提取出来的符号借助重复、韵律、对比、对称、均衡等法则，营造视觉冲击力，使顾客受到环境的感染。在体验经济消费时代，体验要素附在产品、服务和环境中，消费者消费的是一个体验过程，主题餐厅应注重顾客体验价值的实现。通过这个体验过程给消费者留下一段记忆，并期望记忆长期保留在消费者脑海中。

图 7-37 提炼中式建筑的精髓和标志性元素来打造具有浓重民族特色的餐饮空间

7.4.3 主题餐厅的发展趋势

在主题餐厅运营前期因具有个性而受到青睐，但缺乏文化内涵、一成不变的主题餐厅，往往经历尝鲜期后就日渐衰落，这也是近十几年来主题餐厅发展过程中的普遍现象。主题餐厅的空间设计应考虑可变性，构建"可变装"的餐厅。主题餐厅空间设计追求可拆装、可变换，让顾客总能耳目一新，时保持新鲜感，让顾客成为"回头客"。既要"变装"又不影响正常营业，这是基本要求，所以这种空间设计应在软装方面下工夫，墙面设计尽量简洁。

图7-38 食部落时尚餐厅单间
（Yuanshi tribes Fashion Restaurant）

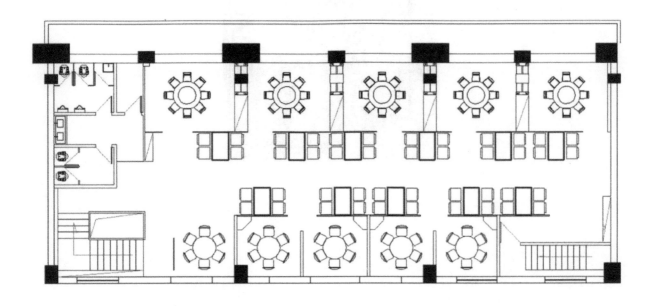

图 7-39 食部落时尚餐厅大厅

图 7-40 食部落时尚餐厅平面图

图7-41、图7-42 食部落时尚餐厅

　　设计中摒弃了琳琅满目的色彩和繁琐的细节，以炭黑为主导色系，白色为软性装点，渲染出黑白相间多的素雅、宁静、时尚的就餐环境。黑白色的砖墙、黑色的水曲柳贴面，配以现代感极强的黑炭钢、方管等，充分的演绎着原始与时尚相融合的魅力，岁月流逝的装饰画内容配上白色现代感边框，灯光似乎在为我们讲述着什么。灯光的局部照明时刻勾勒着空间的明暗层次，使得环境进一步升华，让客人心情得到放松，食欲增强

思考延伸：

1.餐饮空间的分区？

2.主题餐厅的气氛营造有哪些手段？

第8章 酒店照明与光环境营造

8.1 酒店与餐饮空间的光环境

　　光是生命的重要能源，在人们的生活中是不可或缺的。为了满足使用者对光环境的需求。采光可以分为自然采光和人工照明。自然采光更加地贴近自然、节能环保、有利健康；人工照明则是在自然光线不能满足需要或达不到理想效果的情况下，借助灯具实现的室内照明。人工照明已经有一个多世纪的历史了。照明的目的并不是单纯地把酒店和餐饮建筑的室内外空间显示得美丽，而是要通过光照手段把酒店的历史、文化等特性显露出来，创造"场所的持久性"和"特定的标志性"。利用自然光和人造光来创造舒适的场所是照明设计的基本思考原则。对丰富顾客的情绪感受，营造空间的品位、层次、特性来说，照明设计的作用是非常大的。

图 8-1　香港 W 酒店

图 8-2　某酒店内部
　　利用点光源进行照明可以渲染空间气氛，灯具的选择与整个空间相协调，增加了空间的现代感

8.1.1 自然采光

自然采光是利用大自然的光线进行照明的方式，受时间、天气、气候的影响较大，而且具有穿透、反射、折射、吸收和扩散等现象。所以可以利用这些特性营造不同的光影效果。光线一般经过门、窗、天窗、天井等进入室内，所以需要保持空间的通透性，以便更好地将室内外景观交融渗透。

8.1.2 人工照明

人工照明是通过丰富的灯具，有选择地照亮空间。人工照明可以控制光线的强弱、色彩、方向等，光影的可控性也较高，对于室内氛围的营造起着不可或缺的作用。

图 8-3　酒店内部游泳池
　　使用自然光照明的室内泳池，干净清爽，节能环保，而且与室外环境相通透，可以在游泳的同时观赏到室外优美的景色

图 8-4　酒店大堂内部照明
　　采用水晶组成的方形照明灯具可以提高酒店的档次，周围布置点光源来营造氛围

图 8-5　某酒店空间中的线光源
　　人工照明与自然采光相结合。条状的灯带能够增加空间的进深感和画面感，形状与窗户的形状相同，似乎是窗框的延伸

图 8-6　餐饮空间中的照明
　　墙壁上使用的水晶壁灯与可以与主要照明的水晶吊灯相协调又可以增加空间的照明丰富度还可以起到很好的装饰作用

图 8-7　酒店内部空间中的点光源
　　沙发边的落地灯既可以起到照明的作用，还能起到装饰的作用

8.2 人工照明设计的要素

在室内照明设计时需要谨慎选择灯具的造型及色温、照度等。了解灯具的种类及其布置方式是照明设计的基础。

8.2.1 灯具的种类

吸顶灯：灯具直接安装在天花板上。

吊灯：灯具通过吊件悬在空间的某一高度上。

嵌入式灯：灯具安装在天花板的顶棚里，灯口与顶棚面大致相齐。

导轨灯具：分导轨和灯具两部分，导轨可以支撑灯具和提供电源，灯具以射灯为主。

荧光灯具：包括嵌入式、吸顶式、轨道式和支架荧光灯。

壁灯：紧贴墙面安装，灯罩材料多样，装饰性强。

落地灯：用于一定区域内的局部照明，作为一般照明的补充照明。

台灯：用于需精细视觉工作的场所，材料多样。

图 8-8　点光源照明

　　利用一字排开的灯光进行局部照明，突出装饰的主题，丰富空间层次，增加空间韵味。暖色的灯光打在红色的背景墙上，突出了每个陈设品

图 8-9　线光源照明

　　利用组合灯灯光进行照明，增加空间的神秘色彩。地面采用玻璃加点状光源照明，使空间显得更有趣味

关注：
    灯光的色彩对整个环境氛围的渲染具有重要的意义。光的布置上要点线面相结合，重点装饰部分一般选用点状光源，突出重点。另外，灯具的形式对光线也有影响。

图 8-10　酒吧空间的照明
    灯具的照明采用点线面相结合的方式，酒柜采用射灯进行重点照明，酒瓶本身就成为一种展示品，增加了就餐的氛围。近地面的部分采用带状灯具由下向上照明，增加了空间的神秘感

图 8-11　宴会厅空间照明
    空间以白色为主调，在吊顶中央使用巨大的水晶吊灯做为主光源，提升了整个空间的档次，显得干净、清爽、高贵大气

图 8-12 餐饮空间灯光氛围的营造

灯具的选择与整个空间十分的协调，采用重点照明的方式。突出餐桌部分的照明，温和的灯光使食物更具有诱惑性

8.2.2 灯具的布置形式

（1）平面形式

通过点、线、面光源，按照空间的需要使用不同的形态，既可以满足空间照明的需要又具有良好的装饰效果。

（2）立体形式

利用立体构成或雕塑的特点来组合照明，使照明本身就具有艺术装饰的作用。比如，水晶灯的使用，既可以限定视觉中心又可以起到装饰的作用。灯具的材料多种多样，可以采用不同肌理、色彩、质感的灯具来表现不同的照明，营造不同空间的氛围。

（3）组合形式

在空间的设计中经常会用到平面形式与立体形式相结合的灯具布置形式。

图 8-13 高端餐饮空间灯光氛围的营造

整个室内空间层高较高，顶部采用块状照明的方式，使空间显得更加大气，恢宏

图8-14 室内空间运用水晶吊灯来营造氛围

整个空间采用古典的装饰分风格，层高较高，所以选择的灯具的尺寸也与空间风格和大小相一致，灯具样式选择带有古典风格的水晶吊灯，使空间显得高贵

图8-15 客房卫生间的照明

整个空间明亮、干净。在镜子前安装射灯，重点进行照明。两侧的壁灯可以起到渲染气氛的作用

8.2.3 人工照明的方式

（1）基础照明

基础照明是为空间提供基本的照明，也叫一般照明，就是把整个空间照亮。这种照明的光线较为均匀。

（2）局部照明

局部照明是对空间中的某一部分进行照明，具有分隔空间的作用。

（3）重点照明

为了突出某一部分进行的照明。可以针对某一物体进行强调和表现。局部照明具有方向性，光线比较窄，亮度比较大。

（4）气氛照明

属于装饰照明，可以用来营造空间环境的气氛。

图8-16 中式风格餐饮空间

利用建筑的挑高，加入中式的元素，传达贵气、高雅的意境

8.3 酒店与餐饮空间的照明

8.3.1 大堂空间照明

大堂空间的照明主要分三个区域：入口和前厅区域的照明；总服务台的照明；休息区的照明。大堂作为一个连续的空间整体，从照明方式的角度分析，入口和前厅部分应该是一般或全局照明；总服务台照明和休息区照明应该是局部照明。这三个部分的照明应该保持色温一致，通过亮度对比，使酒店大堂形成富有情趣的、连续的、有起伏的明暗过渡，从而营造出亲切的气氛。

图 8-17　通过灯光的组合来渲染空间氛围

8.3.2　客房的照明

酒店客房应该像家一样，宁静、安逸、亲切、温暖，所以大多以暖色调为主。客房的照度需要低些，以体现静谧、休息甚至懒散的特点。局部照明，比如梳妆镜前的照明和床头阅读照明等则应该提供足照度。在洗手间需要高色温，以显得清洁和爽净。

8.3.3　餐饮空间照明

对餐饮空间来讲照明对于就餐环境的营造具有重要的作用。由于餐饮空间的类型不同，所需要的照明自然会有差别，下面选取中式餐厅和西式餐厅两种典型的餐饮空间类型进行照明分析。

（1）中式餐厅

常用于商务或其他方面的正式宴请，所以照明的整体气氛应该是正式的、友好的。其照度要比西式餐厅高出许多，而且应该是均匀的。点状光源、带状光源以及各种类型的花灯，均可以满足其照明要求。餐桌桌面的照明是空间中的照明重点，为了使菜肴的色调能够显现得生动好看，引起食欲，最好使用显色性高的光源在餐桌上方设置重点照明。如果条件不允许，不能在每一个餐桌上方提供重点照明，那么就可以将餐厅中一般照明的照度值设计得偏高些。配光可以使照明富有立体感和层次感，所以可以使用壁灯或射灯来矫正一般照明的平面化，是空间照明更加丰富。

（2）西式餐厅

西式餐厅照明的整体气氛通常是温馨而富有情调的。它的一般照度值较中式餐厅低很多。桌面的照明依然是重点，目的是要令菜品生动亮丽、方便取用，所以它的显色性是很重要的。

图 8-18　某餐饮空间平面图

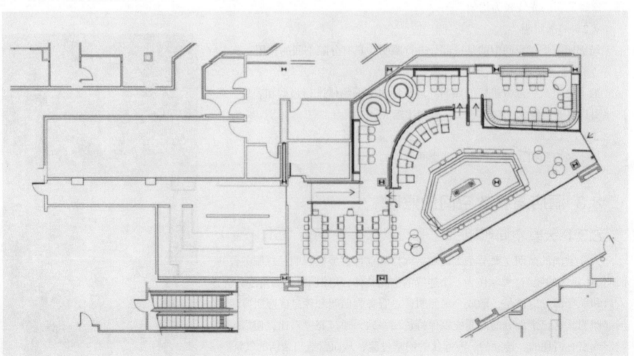

图 8-19　某餐饮空间设计

　　利用色彩的组合以及光线的艺术处理，营造出非凡的视觉效果，使人流连忘返。同时，因为这些色彩和光线的辅助，空间的层次感得以体现出来。设计时，选择一些鲜亮的色彩与深绿色或者深黄色等，互相组合形成空间的张力感。墙上印有男人和女人的迷幻壁画，搭配蘑菇式的板凳、像手掌一样的椅子以及斑驳灯光，使人仿佛置身一个魔幻乐园

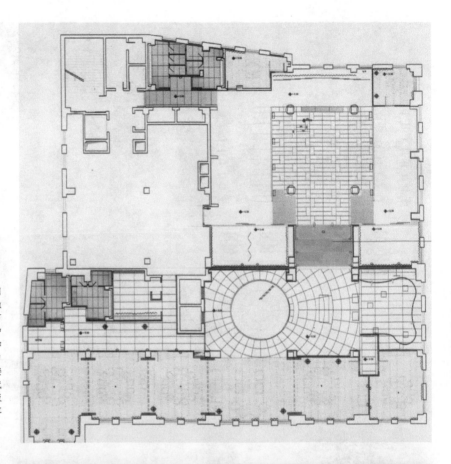

图8-20、图8-21、图8-22　某餐饮空间

光和阴影定义了整个空间的气氛，它们默默地诠释着空间中的每一个人。运用蚀刻水晶、玻璃、石灰华石、乌木饰面和石膏清晰地重点强调了光的迷人特质。这种现代混合光和直接光源的使用增强了光和影的相互作用：光从屋顶通过切口和断口投射下来，又被水晶和玻璃所过滤。直接光源的唯一用途是照亮20世纪20~30年代的原汁原味的意大利古董枝形吊灯、地板灯、桌灯和墙饰物等，这些贵重的东西享有直接光照"特权"

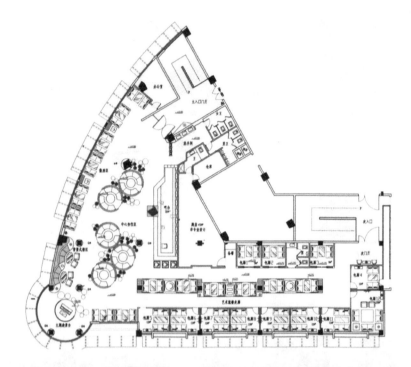

图 8-23　餐饮空间平面图

图 8-24、图 8-25 某餐饮空间内部
　　空间的过渡上采用了十分巧妙有趣的隔断手法，将低碳的理念融入到空间中，大部分灯光均为低压照明，既可以节省成本，又利于空间氛围的营造

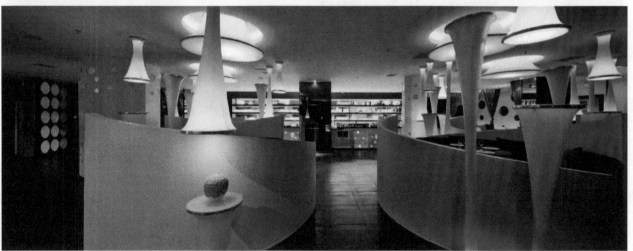

图8-26、图8-27 某餐饮空间内部设计

潔白的白玫瑰木飾成为灯源的最佳作料，餐厅内一个个夜光杯散射出绚烂的光芒，营造出优雅的氛围

思考延伸：

1. 照明的种类有哪些?

2. 照明的设计要注意哪些方面?

第 9 章　酒店艺术陈设与环境氛围

酒店与餐饮空间的陈设设计是对整个空间组织的再创造，它对于整个环境氛围的营造具有重要的意义。各陈设要素需要有机结合在一起，从家具的样式到陈设饰品的风格以及织物的纹样、色彩，都需要相互呼应，和谐统一，以提高整个空间的品位。

9.1 家具的选择

不同类型的空间对于家具的选择是不同的。比如，中式风格的餐厅一般需选用传统家具，或者经传统家具进行简化提炼，造型带有中式元素、色彩具有中式国特点的家具。而西式风格的餐厅既可以选择西方古典样式的家具，来营造豪华大气的空间氛围，也可以选择具有现代感的家具，体现时尚、浪漫、优雅的感觉。酒吧、冷餐台是西餐厅特有的陈设。所以餐厅在家具的选择上需要特别注意。

图 9-1　餐饮空间中装饰画的选择
利用陈设和材质间的语言冲突来造成一种似是而非的空间感觉，空间采用了反衬的手法，使古朴与精致、中式传统与欧洲元素共存与同一空间

9.1.1 家具的作用

（1）分隔空间

在某些情况下，可以利用家具来分隔空间，减少墙体面积，提高空间利用率，使空间变得开敞、富有情趣。比如，在餐饮空间中，经常会利用板、架等家具来分隔空间。

（2）组织空间

家具可以把空间划分成若干个相对独立的部分，使它们各自具有不同的使用功能。在酒店与餐饮空间中可以通过家具的布置来巧妙地组织人流通行的路线，满足人们多种活动和生活方式的需求。

（3）填补空间

家具的款式、数量、配置方式对室内空间效果有很大影响。在室内空间出现构图不平衡的时候就可以在空缺的位置布置几、架、柜等辅助家具，使空间构图均衡、稳定。在酒店大厅的过廊、过厅、电梯厅等部位也可以利用这种手法均衡空间。

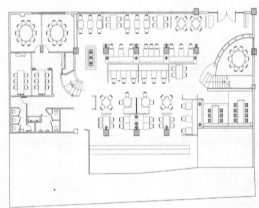

图9-2　某餐饮空间平面图

图9-3　餐饮空间中的隔断装饰

　　采用大图案的烤漆雕花配合灰玻璃作为图案，隔断上面不到天花板，如此既增强了空间的流动性，又保证了私密感

图 9-4　木质的特异造型的家具放置于空间的角落中，与旁边的干植物共同营造一种质朴的空间氛围

图 9-5　餐饮空间中古朴的家具和陈设营造了一种宁静的空间氛围

（4）营造特定的气氛

家具在空间环境气氛和意境的营造上具有重要的作用。不同形态的家具、材质、风格的家具都具有各自的特点，所以需要根据空间的需要来进行选择。比如，体型轻巧、外形圆滑的家具能给人轻松、自由、活泼的感觉，可以用来营造休闲的氛围；竹制家具具有一种乡土气息，适宜营造质朴、自然、清新、秀雅的室内气氛；使用珍贵木材和高级面料制造的家具，配上雕花图案和艳丽的花色，完全称得上是高贵、华丽、典雅的代言。

9.1.2　家具的类型

家具的类型很多，在酒店与餐饮空间中常见的有木质家具、金属家具、塑料家具和竹藤家具等。

（1）木制家具

木制家具是目前市场上的主流家具，不论在酒店的大堂、客房还是餐饮空间中使用率都是很高的。这是因为木制家具取材天然、纯朴、纹理自然、造型多样、经久耐用、手感润滑且具有很高的艺术价值和观赏价值。

（2）金属家具

金属家具是指家具整体由金属材料制成或骨架由金属材料制成，其他部分用别的材质（比如木材、玻璃、塑料、石材、布料等）。金属家具简洁大方、时尚感较强，适用于营造现代气息浓郁的酒店和餐饮空间。

（3）塑料家具

塑料家具是以塑料为基本材料制成的家具。塑料家具质轻、耐高温、造价低、制作方便、表面光洁、颜色多样，所以在酒店与餐饮空间的公共部分使用率占很大比例。

图 9-6　马赛克的墙面装饰更显空间的古典之感

图9-7 家具的造型与风格的选择与整个空间的风格极为符合

图9-8 某酒店餐厅
利用家具将空间划分成若干个虚拟的小空间，家具色调柔和、自然，与整体空间的装饰氛围相适宜，餐厅与外部景色相通透

（4）竹藤家具

竹藤家具是以竹、藤编制而成的家具，广泛用于酒店的阳台、室外空间。竹藤家具质轻、弹性较大、易于编制、造型多样，相比木质家具更为轻巧，乡土气息也更加浓厚。

9.1.3 家具选择的原则

（1）确定家具的种类和数量

在家具的选择上，首先要满足使用功能。要先确定空间的使用功能、人数等因素。比如，酒店客房最主要的使用功能是睡觉，根据这个功能来配置相应的家具。家具的布置宁少勿多，尽量留出空余的地方，避免拥挤和杂乱。

（2）选择合适的款式

在选择家具时需要考虑空间的性格，比如在酒店的大堂中，沙发的选择要考虑一定的气度，而且家具的款式应与周围环境相协调。还要注意家具的选择与组合应符合人体工程学的要求。

（3）选择适合的风格

家具的风格主要是由它的造型、色彩、质地、装饰等因素决定的。家具的风格关系到整个空间的效果，所以不同的空间环境要选择不同的家具风格。主要的风格有中国风、东方风格、现代风格、西方古典风格、乡村风格等。

（4）确定合适的布局

家具的布置在构图上要注意主次、聚散等形式问题。布置家具时可以以部分家具为中心来布置其他家具，也可以根据功能和构图把家具分成若干组。家具的格局可以有规则和不规则两种。在接待厅、会议厅和宴会厅等较为严肃庄重的场合多使用规则式、对称式。在休息空间和客房等大多使用不规则式，使空间气氛活泼、自由、富有变化。

图 9-9　窗帘等织物作为客房的装饰物，与整个房间风格十分和谐

图 9-10　床头与窗帘的色调和风格相一致

图 9-11　某餐饮空间中的装饰
墙壁上织物挂饰、座椅上的彩色具有民族特点的座椅外套、与鸟窝形状相似的灯具都对空间氛围的营造起到重要的作用

9.2　陈设品的选择

陈设品是指除了固定的墙面、地面、顶面、建筑构件、设备外一切实用和观赏的物品，主要包括灯具、织物、装饰品、日用品和植物等，它们是室内环境的重要组成部分。在酒店与餐饮空间中，陈设品在组织空间、美化环境、渲染环境气氛等方面都起到重要的作用。

9.2.1　陈设品的类型

目前，专门为酒店与餐饮空间设计、制作陈设品，比如雕塑、陶瓷、绘画作品等已经形成一种产业，这些批量生产的摆件和挂件产品适合空间陈设，价格相对较低。但也有一些精品酒店、高级酒店等会请专门的艺术家来创作，是否有这种需要可以根据实际情况来决定。

（1）织物

织物具有质地柔软、品种丰富、加工方便、装饰感强、易于换洗等特点，是环境创造中必不可少的重要元素，也是使用最广泛的陈设品之一。织物具

图 9-12 具有明显东南亚风情的酒店
　　利用各种具有地方特点的装饰物，比
如东南亚风情织物、较为自然的木质物、
彩色图案等来营造酒店的氛围

图 9-13 具有民族特点的餐具装饰

有多种实用功能，在酒店和餐饮空间中可以作为墙布、地毯、窗帘、帷幕、屏风、门帘、各种物体的活络外套、台布、披巾、卫生盥洗巾和餐厨清洁用巾等。织物在空间的组织上的利用可以使空间虚实结合，过渡自然。此外织物还可以弥补钢铁、水泥和金属等材料给人的冰冷感觉的不足，使空间获得温暖、亲切、柔软、和谐的感觉。

（2）日用陈设品

日用陈设品包括陶瓷器皿、玻璃器皿、金属器皿、书籍杂志等。人们在日常生活中离不开它们，也是室内设计中营造氛围的重要部分。

陶瓷器皿以黏土为原料加工而成，富有艺术感染力、风格多变，有的典雅娴静，有的古朴浑厚，有的鲜亮夺目，有的简洁流畅。玻璃器皿玲珑剔透、晶莹透明，可以营造华丽、新颖的气氛。金属器皿通常用于酒具和餐具，其光泽性好、易于雕琢，可以制作得非常精美。铜铸物品则往往给人感觉端庄沉重、精美华贵。书籍杂志有助于增加室内空间的文化气息，营造品位高雅的效果。

（3）装饰陈设品

装饰陈设品是指本身没有实用价值而纯粹作为观赏的陈设物品，包括艺术品、工艺品、纪念品、观赏植物等。

艺术品是较为珍贵的陈设物品，包括绘画、书法、雕塑和摄影作品等，有较高的艺术欣赏价值，可以陶冶人的性情，营造文化氛围，提高空间档次。

工艺品分为实用工艺品和观赏工艺品。像瓷器、陶器、草编等工艺品本身既具有实用价值，又具有装饰性。木雕、石雕、彩塑、景泰蓝、挂毯这种陈设品只能供人们欣赏，不具有实用性。此外还有一些具有浓郁乡土气息的工艺品，比如泥塑、面人、剪纸、刺绣、蜡染、风筝、布老虎等，是构成中华文明的重要部分，在室内设计中也可以作为很好的陈设艺术品。

植物在室内空间中可以起到美化环境、改善气候、组织空间、陶冶性情等作用，给人带来生机勃发、生气盎然的环境气氛。

9.2.2　陈设品的选择

在陈设品的选择上也需要在风格、造型、色彩和质感等方面精心推敲，挑选能反映空间意境和特点的陈设品，注意格调统一、比例合适、色彩与环境协调等。陈设品的题材、构思、色彩、图案和质地等都需要服从空间环境的安排。

（1）陈设品的风格

陈设品风格的选择需要与室内风格相协调，这样可以使空间看起来更加整体、协调、统一。还可以选择与室内风格相对比的陈设品，利用对比可以使空间更加生动、活泼、有趣。但要注意使用的度，少而精的对比才有效果，否则会产生杂乱之感。

图 9-14　入口处的佛像作为装饰更显空间风格

图 9-15　利用彩色的陈设来营造空间氛围
　　提取桑巴舞的特有色彩与装饰来营造空间热烈的、欢快的氛围

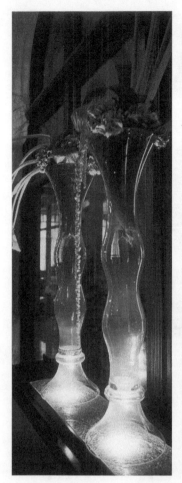

图 9-16、图 9-17　某酒店陈设品
　　玻璃的红色器皿在灯光的照射下显得神秘、高贵，造型简洁大方、色调鲜艳、靓丽与整个空间氛围相协调

图 9-18　布满盘子装饰的墙面
　　墙面显得十分具有民族特色，家具的配置也十分具有自然特点

（2）陈设品的造型

陈设品造型千变万化，可以丰富室内空间的视觉效果。在设计中需要巧妙运用陈设品千变万化的造型，采用统一或对比等设计手法，营造生动丰富的空间效果。

（3）陈设品的色彩

陈设品的色彩在室内环境中的影响比较大，因为陈设品在空间中通常是属于被强调部分，是视觉的中心。对于较为平淡的空间，陈设品需要选择较为鲜亮的颜色，起到点缀的作用。对于床单、窗帘等大面积的陈设品则可以选择与背景像协调的颜色，使整个空间看起来更加和谐。

（4）陈设品的质感

陈设品质感的选择应从室内整体环境出发。不同的陈设品质感不同，木质品的自然、金属品的光洁坚硬、石材的粗糙、丝绸的细腻等，只有了解各材料的质感，才能在设计时按照空间的需要来选择。如果统一空间采用统一质感的陈设会产生统一的效果，但是陈设品与背景材料的质感有对比则更可以显示出材料本身的质感。

9.3 不同空间的陈设布置

在不同的空间中，陈设布置会有所不同。因此，需要考虑一定的原则和方式。

9.3.1 布置原则

第一，陈设布置需要遵从空间环境的主题，与室内整体环境相协调。第二，陈设布置的构图要均衡，与空间的关系也要合理。第三，陈设的布置要有主次，这样才能使真个空间层次更加丰富。第四，在陈设品摆放时需要注意视觉效果，便于人们欣赏到陈设品优美的姿态。

9.3.2 酒店大堂的陈设布置

通过家具和陈设的布置可以将大堂内部进行细分，可以在大空间中分隔出许多小空间，形成二次空间，丰富空间层次并满足不同的使用需求。

不同酒店的陈设布置应有所区别，与酒店的类型相协调。比如，度假酒店设计要体现出亲近自然的特征并反映出一种地域文化，因此家具与陈设品的选择都应追求朴素自然的风格；商务酒店的大堂则追求豪华和气派，在家具和陈设品方面可以选择皮质或金属质感的一类。

顶饰就是对大堂顶面的装饰。有些酒店对顶面进行了主题装饰。比如，天顶画的运用，可以加高空间尺度，使空间具有丰富文化内容和变幻神迷的色彩层次。还有一些可以反映地方特色的顶面陈设布置，例如能反映我国民族特性的"藻井"天花。

植被的运用对酒店大堂空间装饰来讲意义非凡。因为它能潜意识地使室内空间与自然生态环境取得联系，放松人们的心情，增强空间轻松的氛围。植被在大堂空间中经常出现，其种类和尺度要与空间环境相协调，点到为止，适时适度。

图 9-19　某酒店大堂设计
　　大堂中采用中式建筑大门的传统做法，利用石材加以表现，大量的金箔出现在门窗、踢脚线、柱础、天花、镂空花线上，烘托金币辉煌的质感。简单的地面石材，贯穿中式的图案，体现了当今加工技术与施工工艺的进步

图 9-20　走廊尽头的墙壁
　　墙壁用孔雀的装饰图案来作为装饰，显得高贵大气。座椅的造型和装饰图案与空间环境相协调

图 9-21　某酒店入口处的门洞装饰

图 9-22　某餐厅中的竹藤家具

图 9-23　某餐饮空间设计
　　大面积使用木质材料和家具作为空间装饰

9.3.3 酒店客房的陈设布置

客房的家具陈设是酒店客房设计的重要内容，对于客房内部环境有着重要的意义。家具的形式、色彩、质感和摆放方式都能够对顾客的直接感受和心理活动产生影响。家具具有装饰性，家具可以体现出整个客房的气氛和艺术效果、风格等。比如说，古董家具可以营造具有历史文化感的房间，使用当下著名设计师设计的家具则可以体现出客房的时尚气息。客房中的家具可以成组配置，以构成不同的功能空间。家具的布置常分为宁静区、活动区和交通区域。宁静区布置床和床头柜等睡眠家具；活动区布置会客、起居用的沙发茶几、书桌等；交通区域则布置壁柜、储物柜等家具。家布置设计要做到疏密结合，既要留出人活动的空间，又要组成休息的空间；还要做到主次分明，突出主要家具，其余的可以作为陪衬和点缀。

客房中陈设品的选择也是至关重要的，比如设计大师设计的水杯、富有特色的指示牌、别致的客房门把手等都可以使空间看起来更加精致和充满趣味。

图 9-24　采用欧式风格家具的空间
空间中配合具有欧洲特点的装饰，例如窗帘、台灯、油画等来塑造空间氛围

9.3.4 餐饮空间设计的陈设布置

　　装饰陈设是餐饮空间设计后期的一个重要组成部分，从家具样式到艺术品的风格以及织物的纹样、色彩相互呼应统一，都可以提高餐厅的文化氛围和艺术感染力。

图 9-25　某酒店客房空间设计
　　金色的壁纸增加了空间的豪华感，垂下的白色帘子既起到隔断的作用，也起到了装饰的效果

图 9-26　客房背景墙上用画作为装饰

图 9-27　洗浴空间中可以用植物作为装饰品

图 9-28、图 9-29　某餐饮空间个性陈设配饰

忽必烈南征北讨的英勇、浑然的气魄翱翔于室内令人倾情的古风古韵之中，偌大苍劲有力的"元世祖"与图像，充满艺术感，让用餐的客人仿佛顿时走入复古情调的时光隧道。店内斑斓高贵的橘红与深紫色调交缠递进着嬗变的肌理，回忆里亦古亦今、亦中亦西，在现代简约的线条下流曳出沉稳优雅的气质，展现悠然自在的中式风情

灯饰是餐饮空间中陈设设计的重点部分。灯饰配置首先是供给餐厅室内活动所需的基本照度。其次照明和灯饰在制造气氛，突出餐饮空间的重点、亮点、划分空间、制造错觉和调整气氛等方面起不可忽视的作用。

餐饮空间设计题材和艺术创意的手法非常广泛，餐饮的种类也很多。不同类型、不同档次的餐饮空间设计中家具和陈设品的选择都应有所不同。例如，在传统风格的中式餐饮空间中，中国的青铜器、漆艺、彩陶、画像砖以及书画都是最佳的装饰品；在主题风味餐厅中可选用有浓郁地方特色的装饰品。经营民族特色菜的餐饮空间常用刺绣、蜡染、剪纸等，显示独特的民俗风味。现代风格的则需要多陈设一些简洁、抽象、工业感较强和现代风格的装饰艺术品。

关注：

灯具、植物、织物等的色彩、造型、花纹等都能对空间的氛围产生影响。而且陈设需要与灯光相结合能够达到更好的效果，在重点部位加强照明，突出装饰，能够更利于空间氛围的营造。

9.3.5 不同功能单元的空间布置

酒店与餐饮空间的陈设设计是对整个空间组织的再创造，它对于整个环境氛围的营造具有重要的意义。各陈设要素需要有机结合在一起，从家具的样式到陈设饰品的风格以及织物的纹样、色彩，都需要相互呼应，和谐统一，以提高整个空间的品位。

图 9-30 某餐饮空间设计
　　家具的形态与建筑空间的形态相吻合，墙上的人物肖像更显空间的古朴之感

图 9-31 某餐饮空间设计
　　墙绘作为装饰也可以对营造空间氛围产生作用

图 9-32、图 9-33　酒吧中红黑对比
　　低调而独创性的家具彰显着酒店特
有的态度，强调出整个设计主题

图 9-34　某简主义的风格餐饮空间

　　由于开放性的外观设计，声音可以自由穿透，整个空间阿拉伯式的空间样式也营造了视觉上的宁静。林地样式的钢化装饰面上涂绘有相同样式的图案，并且光泽异常。设计利用墙面一直延伸到天花板上的阿拉伯图案的投影，创造了一个柔和、梦幻的室内效果，通过在隔层中安置 LED 灯，使墙面图案投影到桌子、地面和餐具上，使整个空间融为一体。整体的就餐感觉被明亮柔和的光线围绕，仿佛置身于温柔的怀抱之中，梦幻的灯光和神奇的仿若森林深处的图案设计形成对比

思考延伸：

1. 如何根据空间的不同来选择相应的家具？

2. 不同风格的空间有哪些代表性的装饰品？

3. 不同功能单元空间布置如何表现其不同？

第 10 章 材料与环境空间质量

材料的选择是酒店与餐饮空间设计中的一项重要内容。材料不仅种类繁多而且质感、色彩、视觉效果都不同。设计师需要根据不同的空间需求选择相应的材料，尽力营造出优秀的室内空间。

10.1 材料的分类

目前市场上材料多种多样，分类方法也是不尽相同。材料根据其性能大致分为木材、石材、金属、玻璃、陶瓷、涂料、织物、墙纸和塑料等。

10.1.1 木材

木材用于室内工程的历史由来已久。它材质轻、强度大、弹性好、耐冲击，表面易于加工和涂饰。木材可以用于承重结构、隐蔽工程，又因为木材的纹理自然、柔和，所以可以用来做饰面材料或家具等。

室内设计中常见的木材可分为天然木材和人造板。天然板材就是有天然木材加工成的板材。人造板材常见的有以下几种类型。

胶合板：将原木经蒸煮软化沿年轮切成大张薄片，通过干燥、整理、涂胶、组坯、热压、锯边而制成。

刨花板：将木材加工剩余物、小径木、木屑等切削成碎片，经过干燥，拌以胶料、硬化剂，在一定的温度下压制成的一种人造板。

细木工板：由上下两层夹板，中间为小块木条挤压连接芯材。特点是具有较大的硬度和强度，且质轻、耐久、易加工，可用于制作家具的饰面板。

图 10-1　木材可作为墙面装饰来使用，营造自然的氛围

图 10-2 某酒店客房设计
　　木制的床屏衬托中式造型台灯，空间简洁而现代，骨子里亦延续着江南水乡独特的韵味，传统与现代在此 完美共生

图 10-3 石材墙面与天花更显空间古朴、自然

纤维板：将树皮、刨花、树枝干、果实等废料，经破碎浸泡，研磨成木浆，使其植物纤维重新交织，再经湿压成型、干燥处理而成。

防火板：将多层纸材浸渍于碳酸树脂溶液中经烘干，再以高温高压压制而成。表面的保护膜处理使其具有防火功能，且防尘、耐磨、耐酸碱、防水、易保养，表面还可以加工出各种花色及质感。

微薄木贴皮：以精密设备将珍贵树种经水煮软化后，旋切成 0.1~1mm 左右的微薄木片，再用高强胶黏剂与坚韧的薄纸胶合而成，具有真实的木纹，质感强。

10.1.2 石材

石材可以分为天然石材和人造石。天然石材是从天然岩体中开采出来，加工成块状或板材的形状，常见的是大理石和花岗岩。

天然大理石：指变质或沉淀的碳酸盐类的岩石。大理石品种繁多，纹理丰富、色彩多样，相比花岗岩质地较轻，所以常用于室内地面和墙面。

天然花岗岩：属岩浆岩，主要矿物成分是石英、长石、云母等。花岗岩质地坚硬、耐磨、耐压、耐火、耐大气中的化学侵蚀，表面多成粒状常用于内外墙和室内地面的铺设。

图 10-4 某酒店大堂

提炼传统文化的一些特征，将其演化成一种抽象的符号贯穿于不同的功能区域，自然地将区域空间链接在一起，使酒店风格一目了然。现代的立体构成能充分地体现出空间的建筑美感。将深入人心的"自然"材料、颜色，用现代的手法表现，达到一种新的视觉感受。大堂的空间造型是从玻璃落地后自然破裂形成的纹理中提炼出来，这些"自然"的形态与自然结合能给人带来新的视觉效果，给酒店带来一些特色。

图 10-5 某酒店楼梯间

酒店装饰采用天然黑色石材、红色漆玻璃、拉丝不锈钢、玻化砖等主体材料，通过黑色、红色、金色等色彩的对比，营造出现代、简洁、高雅的就餐环境

人造石以天然石材的石渣为骨料经人工制成，常见的是亚克力（分纯亚克力和复合亚克力）、水磨石、人造大理石、人造花岗岩。人造石可塑性强且比天然石材更加环保，颜色也更加多样，广泛适用于厨房台面、服务台、吧台、墙面、柱子等部分。

10.1.3 金属

金属材料可以用于承重结构或者饰面材料。不同的金属材料所呈现出来的感觉不同，营造出来的气氛自然也有差异。比如，钢、不锈钢（分镜面不锈钢、雾面板、拉丝面板等）、铝材较具有现代感，适宜营造简洁、现代化的空间；铜给人华丽、复古的感觉，可以用来制作装饰品、浮雕、栏杆和五金配件等；铁则会给人古朴厚重的感觉。

图 10-6　金色马赛克搭配灯光显得使材料
感觉更加奢华

10.1.4　玻璃

玻璃作为建筑装修材料已由过去单纯作为采光材料向控制光线、调节热量、节约能源、控制噪声、降低结构自重、改善环境等方向发展。玻璃的种类多种多样，除了常见的平面玻璃还有彩色玻璃、钢化玻璃、磨砂玻璃、压花玻璃、夹丝玻璃和防弹玻璃等。在现在的酒店餐饮空间设计中玻璃的使用可谓是非常的广泛。从墙面、吊顶到栏杆、隔断和家具等，到处可见到玻璃的身影。常见的玻璃厚度为 3~12cm。

10.1.5　瓷砖

瓷砖的种类多种多样，常见的有釉面砖、抛光砖、玻化砖和马赛克等。

10.1.6　塑料

塑料是人造或天然的高分子有机化合物。具有质量轻、工艺简单、性能好、抗腐蚀和绝缘等优点，但是塑料制品不抗高温，长期置于室外会出现老化现象。

10.1.7　涂料

涂料是一种化工产品，均匀的涂在物体表面起到装饰和保护的作用。涂料分为水性漆和油性漆；按成分可分为乳胶漆、调和漆、清漆和银粉漆等。

图 10-7　石材与木材搭配使用营造空间的
自然之感

图 10-8　木质家具与木质博古架使空间显得古朴自然

10.2　材料的使用

材料按使用部位可以分为构造材料、饰面材料和技术功能材料等。

10.2.1　结构材料

结构材料通常指分隔空间、构成主要空间层面的材料，在施工结束后通常都被其他材料覆盖或掩饰。常见的结构材料如分隔空间的墙体材料（如石膏板、细木工板）、隔断的骨架（如轻钢龙骨、木龙骨）、木地板下的基层格栅、吊顶的承载材料等。

10.2.2　饰面材料

表面装饰材料通常是指利用各自不同的特性来装饰室内环境的材料。设计师在选择这类材料的时候主要应注意以下几个方面的因素。

（1）光泽

光泽是由于反射光的空间分布而决定的对物体表面知觉的属性。除了反射光外，光泽还受到色彩、质地和底色纹样等因素影响。尤其是在反射光线较强的"镜面"材料上体现的更明显，比如金属和大理石等材料。但是"亚光"类材料在反射光线上就不会很强烈。

（2）质地

质地是指材料表面的粗糙程度。不同质地的材料会产生不同的装饰效果。比如，丝绸质感丝滑，给人高端大气的感觉；粗布质地粗糙，但给人朴实、自然的印象，对于营造民族风的空间环境有较好的效果。

图10-9 家具采用木纹和木头造型使空间
时尚、个性

图10-10 凹凸的石材墙面使空间更加野性

（3）底色纹样与花样

底色纹样是材料表面的底色的变化程度。表面的纹理和花样能够体现不同材料的特点。比如，木材、大理石表面的天然纹理；墙纸、布艺表面的花样等。

（4）质感

质感是由这种材料所具备的固有感觉的多少来决定的，并不能由光泽度、质地、花纹等完全说明。质地与质感是有所区别的，不能相互混淆。

对于材料的装饰性的看法因人而异，专业人员和非专人员的看法有时会出现较大的差异。有些设计师并不利用装修来掩盖材料，而重视材料本身的状态，在设计中暴露建筑本身的结构、材料原始的表面。但是很多非设计人员则不能接受这种做法，他们认为这是偷工减料、不够美观。所以在设计中要根据实际情况协调好他们之间的差异。

10.2.3 技术功能材料

技术功能材料对于室内整体环境的营造与舒适感有很大的关系。使用相应的技术功能材料可以调整室内本身的物理缺陷，创造宜人舒适的环境空间。常见的技术功能材料有以下几种。

（1）光学材料

主要用于室内的采光和照明方面，大致可分为透光和不透光两种。透光材料又可分为整透射、半透射和散射三种；不透光材料则可分为反射、半反射和漫反射三种。在酒店的卫生间区域如果是使用玻璃隔断的则可以利用光学材料随意改变玻璃的透光度，从而达到开放与私密环境的切换。在酒店与餐饮空间的展示区域，也可以利用光学材料增强展示效果。

（2）声学材料

主要用于改善室内的声学质量，包括吸声材料、反射材料和隔断材料。吸声系数小的材料是反射材料。声学材料可用于隔绝室外的有害声能，尤其对位于闹市区的酒店更加适用。此外，许多酒店的会议厅也采用了声学材料。

（3）热工材料

保温隔热材料是主要的热工材料。这类材料主要用在墙体、天花板等部位，作为保温和隔热的材料。常见的有发泡类塑料和其他中空的材料。

室内设计中涉及的技术种类很多，材料也很多，设计师需要把各种材料很好地结合在一起，以体现自己的艺术构思。

10.3 材料的用法与装饰效果

10.3.1 材料做法的影响

质感取决于材料及其采用的做法。对于相同的材料，采用不同的做法，可以得到完全不同的质感效果。而对于完全不同的材料，经过处理也可以产生大致相同的效果。这一特点在装饰施工方面具有十分重要的意义。了解了各材料的性质，在设计中，为了追求某种既定的效果就可以不必非要使用某种特定的材料，而可以利用相仿的材料或经过处理可以产生近似效果的材料。比如使用仿真石，既可以节约造价，也可以达到理想的效果。

图 10-11 玻璃既能够增加空间的视觉大小，也能够增强空间的时尚感

图 10-12 各种材料的搭配使用

10.3.2 质感的对比与衬托

在室内设计中通常会在不同区域使用不同的材料，采用不同的做法，以求达到质感上的对比与衬托，从而实现更好的视觉效果。质感的丰富与贫乏、质地的粗狂与细腻都是相对而言的，都是在对比中体现出来的。

10.3.3 肌理的影响

肌理包括线形、尺度和纹理等方面。材料的尺度对装饰效果具有重要的影响。在设计中需要充分利用材料本身的纹理，以营造或朴素、或淡雅、或高贵、或凝重的氛围。

图 10-13、图 10-14 石材的肌理与木材搭配更显空间中式风格

图 10-15　轻薄的布料可以作为空间的隔断

10.4　材料与环境心理

10.4.1　材料质感的心理联想

材料的质感可以对人的心理产生影响，引发联想，不同的材料给人的心理感觉是不同的。比如，光滑、细腻的材料富有优美、雅致的感情基调，同时也会给人冷漠、傲然的心理感觉；金属给人坚硬、沉重、寒冷的感觉；皮毛、丝织品则使人想到柔软、轻盈和温暖；石材使人感到稳重、坚实和有力；未加修饰的混凝土则会给人粗野、草率的印象。

在室内设计时并不是装饰材料越贵重效果越好，一味地追求高档材料，不仅会增加工程的造价，还会使管理、施工难度加大，甚至会降低设计的格调品位。

10.4.2　距离和面积的心理影响

当距离、面积不同时，视觉效果是不同的，给人的心理感受也是不一样的。由于在酒店与餐饮空间中人是流动的，所以对室内设计的感觉也是在运动中进行的。人在运动时，视野、视界、辨认程度和材料质感的体验都会产生变化。

10.4.3　建筑本身的影响

室内设计不能与建筑及其周围大环境脱节，必须结合建筑这个载体来综合考虑。建筑物的形式、体量、风格等因素都会对室内设计产生影响。比如，粗狂豪放、坚实有力的室内设计风格可以用在较大的建筑体中，如果建筑体量较小、造型比较纤细则会与这种室内设计不相协调。

材料的选择是酒店与餐饮空间设计中的一项重要内容。材料不仅种类繁多而且质感、色彩、视觉效果都不同。设计师需要根据不同的空间需求选择相应的材料，尽力营造出优秀的室内空间。

图 10-16、图 10-17 某餐饮空间
　　一个立方体结构悬在吧台的上方，在
这个立方体结构中储藏有很多杯子。吧台
与这个立方体结构互相映衬，吧台的三面
都有座椅，吧台的后方是主餐区，主餐区
有团体用餐桌、小型用餐桌和卡座。开放
的厨房成了厨师的舞台，顾客可以坐在厨
房前的座位上近距离观看厨师的表演，壁
炉为餐厅带来了温暖，壁炉周围是放置酒
水的储藏格

关注：
　　材料对于环境氛围的营造有着重
要的作用。材料的质感、造型、密度、
面积等都会对空间和人的心理产生影
响。对于材料的选择要根据空间的需
要来进行，而空间的需要又与风格、
空间大小等因素有关。所以在选择材
料时需要抓住能够营造空间特色的材
料。普通材料的选择就要以经济适用
为准。

图 10-18　地面用带有大理石纹理的瓷砖使空间更有自然之感

图 10-19　金属的装饰品

图 10-20　皮制家具显得更有档次

图 10-21 位于金茂大厦内的日本料理店

作为日餐厅，它极为重视与季节的呼应。对于四季的感觉从来都离不开天空。向天空延伸的小道，能最真切地感受到四季交替,这里的春夏秋冬,代表着日本料理,反映出日本文化的特色。主要材料为条砖、金箔、柚木、黑色水泥压光、马赛克、灰色镜子、黑色钢琴漆、天然斧剁石、龙雕刻浮雕、黑色生锈铁板

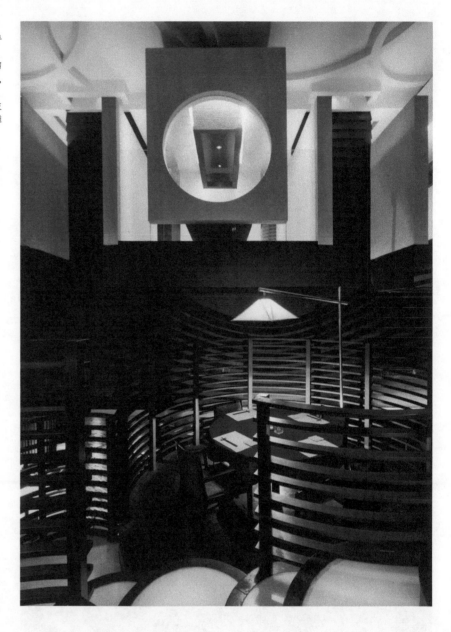

思考延伸：

1. 室内设计中常用到的材料有哪些?

2. 材料的选择要注意哪些方面?

3. 为什么说材料的不同对人产生的心理感觉不同?

第 11 章 酒店室内设计过程与表达

11.1 策划定位与沟通

酒店策划分为经营策划和设计策划两个方面。

在酒店餐空间设计之前，投资人（业主）需要做经营策划，主要是考虑如何持续获得丰厚的利润。从某种程度上来讲，最初的经营策划定位对酒店与餐饮空间后来的生存和发展有重大影响。

设计策划的目标是向投资者提供切实可行、确保实现利益最大化为出发点，整合资源、运用各种技术手段以符合市场需求。设计策划需要考虑的方面很多，大致可分为四个步骤。

11.1.1 收集资料

① 认真研究设计任务书，对业主提供图纸、设计要求等进行整理和分析。了解空间定位、规模、投资、内容和期限等。

② 收集行业国内外优秀案例图片、介绍和图纸等，整理其设计元素。

11.1.2 现场考察

对场地、环境和建筑等方面进行现场参观、拍摄、测量和记录等。

11.1.3 分析研究

① 与业主沟通交流，相互交换意见，进一步确定空间的特点、设计的规模和总造价等。

② 分析建筑结构。

③ 了解周边经营环境，当地文化特色和背景。

11.1.4 制订策略

①在上述步骤完成后，就需要做出文案策划。制定设计计划书，详细表述设计思想、确定设计风格并估算设计周期。

②确定空间的造型符号、色彩和材料，并列出物品购置清单及预算。

11.2 方案构思与修改

设计师在准备阶段的基础上通过初步构思——吸收各种因素介入——调整——绘成草图——修改——再构思——再绘成图这些步骤反复操作后，确定最佳方案。这是设计师的思维方式从概念上升到形象的过程。这个过程可以总结为四步。

11.2.1 概念设计

对前期所获得资料的整理和研究后，接下来就是运用图式的方法将具体内容和形式落实到具体空间中。这个阶段一般是从草图设计开始。在草图阶段，设计师就需要对室内的功能分区、设计的形式与风格、家具的形式与布置、装修细节与材料等有一个总体的把控，大致确定出空间的形式、尺寸和色彩等。

此阶段还要写出概念设计的设计说明，将设计元素、设计理念等用语言的形式表达出来。将平面布局图、功能流线、区域规划、草模、草图和意向图等能够表达设计师想法的资料整理汇编，以便与业主进一步沟通交流。

11.2.2 方案设计

概念设计阶段的草图一般是设计师自我沟通交流的产物，只要能表达自己的想法，并不需要过于关注图面效果。方案设计则是在草图的基础上对设计进行深入的细化和修改。这一阶段是设计程序中的关键阶段。

在方案设计阶段需要提供设计说明书和设计图纸。设计说明书是方案多的具体解说，包括现状、相关设计规范要求、设计的整体构思、对功能问题的处理、平面布置中的相互关系、装饰风格和处理方法、技术措施等。

图纸文件则包括总平面图、各个室内的平面图、各室内不同方向的剖面图或立面展开图、天花平面图、透视效果图、必要的分析及示意图、较为详细的造价概算以及材料样板等。

图 11-1 国外某酒店室内设计施工图

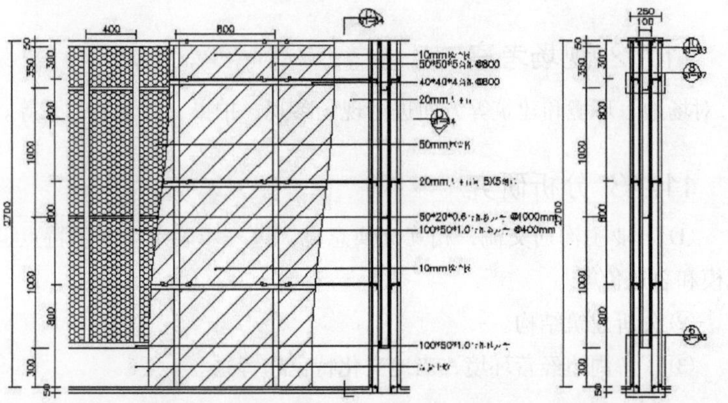

11.2.3 深化设计

在深化设计阶段一般是设计师在接受专家和业主意见的基础上对原方案进行调整，是对方案的进一步完善和深化。这个阶段要完善工程和方案中的一系列具体问题，作为下一步施工图、工程造价、控制工程总投资的重要依据。

11.2.4 施工图设计

施工图设计是直接提供给施工企业按图施工的图纸，图纸必须尽可能详细、规范、完整并符合国家标准。

施工图纸的分类：按图纸类型可分为平面图、立面图、剖面图、大样图、系统图等；按工种分为装饰施工图、电气施工图、暖通施工图、给排水施工图等。

施工图出图时必须使用图签，并加盖出图章。图签中应有工程负责人、专业负责人、设计人、校核人和审核人签名。

在此阶段还需要提供施工的概预算。

11.3 效果预想与表达

11.3.1 手绘效果图

一般认为，一个真正的室内设计师必须具有扎实的手绘功底。手绘不仅仅是一种表现技法，更是设计师迅速表现自己的想法、记录一些做法的重要途径。具有优秀的手绘能力可以使设计师与客户沟通变得更加简便，是一个职业设计师的能力体现。

图 11-2 酒店大堂手绘作品

在效果图的表现中离不开透视原理的运用。平行透视、成角透视、轴测图和俯视图的画法都需要注意。常见的手绘效果图的技法有以下几种。

（1）铅笔绘制效果图

以铅笔绘制为主，可以略上淡彩，稍加明暗关系。铅笔绘制效果图易于表现深浅、粗细等线条。

（2）钢笔绘制效果图

偏重与线条表现。概括性强，速度快，主要用来表现大关系。

（3）水彩及水粉绘制效果图

水彩画是用水与彩的渲染效果表达客观实际的一种手法。可以大面积平涂，也可以退晕、叠加。水彩效果图具有明快、洒脱、感染力强、表现得客观真实等特点。水粉具有较强的覆盖力，且色彩鲜明、真实感较强。上述几种方法是一般室内设计常用的传统表达方式，需要有较强的绘画能力与透视的表现力，随着电脑辅助设计的普及，这些表达方式逐渐被电脑辅助设计的方法所取代。

（4）马克笔绘制效果图

马克笔是现在从业人员最常用的一种手绘方法，因为马克笔有一系列的特点，对于忙碌的设计师们来说是一种理想的渲染工具。马克笔与水彩、水粉不同，不需要费时去准备和清洗；马克笔是现成的工具，打开笔帽即可作画。

马克笔的颜色保持不变且可以预知，所以可以加快工作速度。马克笔颜色鲜亮而透明，溶剂多为酒精或二甲苯。通常，颜料大多是以精细的颜色颗粒与黏着剂混合，附着于纸面，而马克笔是通过溶剂的流动而被纸面吸收。这就容许重复地叠加颜色。

同时马克笔与墨线、彩铅等其他材料一起使用，可以弥补不足，增强表现效果。对于快速的创意和构思草图，需要直接、大胆的手法来诠释隐约而不强烈的构想，马克笔无疑是最理想的工具。

图 11-3 休闲空间
采用 3ds MAX 等软件技术制图，逼真地反映建成后的室内设计效果

图 11-4　酒店客房空间内部设计
　　整个空间的风格偏向中式

图 11-5　餐饮空间设计
　　整体风格为中式,采用中式典型的圆桌,
体现中国人团团圆圆的传统思想

图 11-6　走廊效果图
　　使用具有民族特色的深色中式花格门

图 11-7　报告厅效果图

11.3.2 计算机辅助设计

电脑技术在现代设计中广泛运用。使用计算机可以使设计变得更加方便快捷，效果也更加逼真。无论是物体的质感还是光影效果多可以极尽真实。现在，计算机制图已经被广泛使用在设计中的两大块领域：工程图纸的绘制和室内效果图的表现。

（1）电脑工程制图

工程图纸的绘制多是利用 Auto CAD 等制图软件，可以使图纸更加准确、方便，效率也更高。

（2）电脑效果图

常用的三维软件有 3ds MAX、SketchUp 等，利用三维软件做效果图都需要经过建模、渲染、平面润色三个步骤。建模时需要根据工程图纸来输入尺寸，根据要求附上材质，按照需要打上灯光。在渲染时一般会使用 V-Ray 插件。渲染的时间长短根据模型的大小以及要求输出的大小、精度等不同。在图像输出后会利用 PhotoShop 软件进行润色和局部调整，以保证效果图更加完美 g 更具特色。

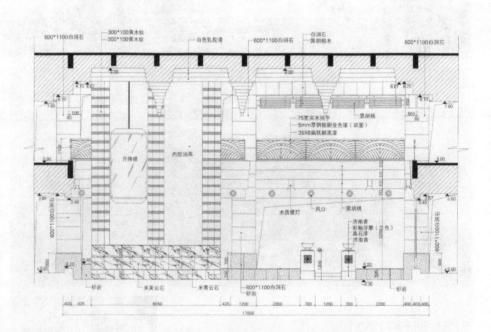

图 11-8　某酒店施工图设计

思考延伸：

1. 酒店餐饮空间设计的表达方法有哪些？
2. 酒店餐饮空间设计的步骤有哪些？

第 12 章　酒店及餐饮空间室内设计实例

12.1 纽约半岛酒店

纽约半岛酒店是一座五星级的酒店，它坐落在曼哈顿市中心的中央地带，洛克菲勒中心（Rockefeller Center）和中央公园（Central Park）距离酒店仅有5分钟步行路程。

图 12-1　Salon de Ning 屋顶餐厅

图12-2　非常具有亲和力的酒店大堂服务台

图12-3　楼梯处的装饰

图12-4　Peninsula SPA by ESPA
　　温泉浴场设有12间理疗室、1个美发沙龙以及Asian Tea亚洲茶室。酒店提供桑拿浴室、一间带瑜伽室的配置先进的健身房以及按摩理疗服务

图 12-5　套房中的餐饮空间

图 12-6　休闲空间

图 12-7　设施齐全的健身房

12.2 德国奥古斯丁酒店

　　酒店坐落在一条宁静的街道上，地处中心位置，距离历史保护区仅数分钟路程，距离大西洋白沙滩不到 10 公里。酒店内不设餐厅，但附近众多餐厅林立。酒店是一座现代风格的二层建筑。大堂内设有几处十分舒适的休息区。一踏入酒店，宾客就能发现其与众不同的一点，它让您感受到宾至如归的亲切和舒适。

图 12-8　具有中世纪风格的入口

图 12-9　大堂的休息区域

图 12-10　德国奥古斯丁酒店入口外观

图 12-11　德国奥古斯丁酒店
　　酒店每间典雅的客房都拥有中性色彩的装饰，配有等离子电视、免费无线网路连接、储备齐全的迷你吧和烘托气氛的照明设备。大部分客房都可以俯瞰市景

图 12-12 具有中世纪风格的图书室

图 12-13 套房中的装饰与色调都是低调的

图 12-14　客房的灯光柔和给人温馨的感
觉

图 12-15　书写区域

12.3　阿布扎比 Anantara 度假酒店

Anantara 是超五星级精品度假酒店品牌。Anantara 是梵文，意为无边无际的水境，素以泰式按摩配合东、西方水疗特色而著称。Anantara 度假村位于隐秘的环礁湖上，泰式风格的独家别墅犹如璀璨夺目的珠宝，在闪烁着绿松石般的印度洋海水的映衬下，带来如诗如画的自然魅力。Anantara 度假村可提供独特的马尔代夫岛屿体验，私密豪华风格加上泰式 decor 营造了独特的氛围。Anantara 度假别墅里每张床的摆放和安置都非常讲究，甚至会利用连接天花板和玻璃门的反射，保证客人躺在 King-size 的大床上的任一角落都不会错过窗外如画的美景。

图 12-16　Anantara 度假村入口美景

图 12-17　Anantara 度假村夜景

图 12-18　具有民族特点的装饰品将空间
打造出的别具一格的风格

图 12-19　餐厅区域

图 12-20　餐厅区域
　　采用开敞式的露台与周围特色沙漠景色相连

图 12-21　日落海景豪华别墅
　　体味傍晚时分的优美景观，难忘的马尔代夫夕阳西下，浪漫的日落豪华海景别墅与豪华海景别墅一样的豪华装饰，位于 Dhigufinolhu 西部独特的位置

图 12-22 具有泰式特色的 SPA

图 12-23 室内的水景是室外的沙漠相得益彰

参考文献

[1] 郑曙畅 . 室内设计思维与方法 . 北京：中国建筑工业出版社，2003.

[2] 蔡强 . 酒店空间设计 . 沈阳：辽宁科技出版社，2007.

[3] 师高民 . 酒店空间设计 . 合肥：合肥工业大学出版社，2009.

[4] 唐艺设计资讯集团有限公司 . 顶级酒店 SPA. 武汉：华中科技大学出版社，2010.

[5] 王奕 . 酒店与酒店空间设计 . 北京：中国水利水电出版社，2006.

[6] 精品文化工作室 . 宴：顶级餐饮空间设计 . 大连：大连理工大学出版社，2011.

[7] 张晨 . 宴汇：国际风格餐厅设计 . 武汉：华中科技大学出版社，2011.

[8] 北京吉典博图文化传播有限公司 . 中式风格酒店 . 北京：中国林业出版社，2010.

[9] 香港卓越东方出版有限公司 . 全球度假酒店 3. 武汉：华中科技大学出版社，2010 .

[10] 杨明涛 . 顶级酒店 3. 大连：大连理工大学出版社，2010 .

[11] 香港卓越东方出版有限公司 . 新全球奢华酒店 . 武汉：华中科技大学出版社，2010.